智能科学技术著作丛书

基于机器学习的网络流量识别算法及其应用

董 仕 著

科学出版社

北 京

内 容 简 介

网络流量识别是网络监控的关键环节,在网络管理中起着至关重要的作用,机器学习作为一种技术手段已经应用到网络流量识别过程中,并成为该领域的研究热点。基于机器学习的网络流量识别算法通过对流量行为测度的分析与度量来构建满足不同应用场景的流量识别需求模型。本书共9章,首先分析机器学习在流量识别中的意义和应用;其次对行为特征进行分析;再次系统分析非对称路由对流量识别算法的影响;最后对深度学习算法及模型进行分析研究。

本书可以作为网络流量识别领域的科研人员和工程技术人员的参考书,也可以作为计算机、通信等相关学科的教师和研究生的辅导书。

图书在版编目(CIP)数据

基于机器学习的网络流量识别算法及其应用/董仕著. —北京:科学出版社,2022.11

(智能科学技术著作丛书)

ISBN 978-7-03-071491-6

Ⅰ. ①基… Ⅱ. ①董… Ⅲ. ①计算机网络–流量–算法–应用–机器学习–研究 Ⅳ. ①TP181 ②TP393

中国版本图书馆CIP数据核字(2022)第025834号

责任编辑:朱英彪 李 娜/责任校对:任苗苗
责任印制:吴兆东/封面设计:陈 敬

科 学 出 版 社 出版

北京东黄城根北街16号
邮政编码:100717
http://www.sciencep.com

北京中科印刷有限公司 印刷
科学出版社发行 各地新华书店经销

*

2022 年 11 月第 一 版 开本:720×1000 1/16
2023 年 3 月第二次印刷 印张:12 1/4
字数:247 000

定价:88.00 元
(如有印装质量问题,我社负责调换)

"智能科学技术著作丛书"序

智能是信息的精彩结晶，智能科学技术是信息科学技术的辉煌篇章，智能化是信息化发展的新动向、新阶段。

智能科学技术(intelligence science and technology，IST)是关于广义智能的理论算法和应用技术的综合性科学技术领域，其研究对象包括：

(1)自然智能(natural intelligence，NI)，包括人的智能(human intelligence，HI)及其他生物智能(biological intelligence，BI)。

(2)人工智能(artificial intelligence，AI)，包括机器智能(machine intelligence，MI)与智能机器(intelligent machine，IM)。

(3)集成智能(integrated intelligence，II)，即人的智能与机器智能人机互补的集成智能。

(4)协同智能(cooperative intelligence，CI)，指个体智能相互协调共生的群体协同智能。

(5)分布智能(distributed intelligence，DI)，如广域信息网、分散大系统的分布式智能。

人工智能学科自1956年诞生以来，在起伏、曲折的科学征途上不断前进、发展，从狭义人工智能走向广义人工智能，从个体人工智能走向群体人工智能，从集中式人工智能到分布式人工智能，在理论算法研究和应用技术开发方面都取得了重大进展。如果说当年人工智能学科的诞生是生物科学技术与信息科学技术、系统科学技术的一次成功的结合，那么可以认为，现在智能科学技术领域的兴起是在信息化、网络化时代又一次新的多学科交融。

1981年，中国人工智能学会(Chinese Association for Artificial Intelligence，CAAI)正式成立，25年来，从艰苦创业到成长壮大，从学习跟踪到自主研发，团结我国广大学者，在人工智能的研究开发及应用方面取得了显著进展，促进了智能科学技术的发展。在华夏文化与东方哲学影响下，我国智能科学技术的研究、开发及应用，在学术思想与科学算法上，具有综合性、整体性、协调性的特色，在理论算法研究与应用技术开发方面，取得了具有创新性、开拓性的成果。智能化已成为当前新技术、新产品的发展方向和显著标志。

　　为了适时总结、交流、宣传我国学者在智能科学技术领域的研究开发及应用成果，中国人工智能学会与科学出版社合作编辑出版"智能科学技术著作丛书"。需要强调的是，这套丛书将优先出版那些有助于将科学技术转化为生产力以及对社会和国民经济建设有重大作用和应用前景的著作。

　　我们相信，有广大智能科学技术工作者的积极参与和大力支持，以及编委们的共同努力，"智能科学技术著作丛书"将为繁荣我国智能科学技术事业、增强自主创新能力、建设创新型国家做出应有的贡献。

　　祝"智能科学技术著作丛书"出版，特赋贺诗一首：

智能科技领域广

人机集成智能强

群体智能协同好

智能创新更辉煌

涂序彦

中国人工智能学会荣誉理事长

2005 年 12 月 18 日

前　言

流量识别对网络安全和网络管理具有重要的意义。与传统的基于端口号和深度报文检测的流量识别算法相比，基于机器学习的流量识别算法在流量识别正确率和加密流量识别方面具有众多优点，从而成为网络安全和网络管理领域的研究热点。

近年来，国内外在网络流量识别方面的研究取得了突飞猛进的进展，从最初的端口号识别到深度报文检测，再到如今的机器学习、深度学习和深度强化学习技术。随着网络流量类型的不断增多，总体网络数据量不断攀升，这给网络流量识别技术提出了更高的要求。目前，机器学习已经成为流量识别领域采用的主流算法，并得到了广泛的研究和应用。

作者多年来致力于研究基于机器学习的网络流量识别算法理论及应用，本书内容主要来自作者近几年的研究成果，内容新颖、覆盖面广，注重理论联系实际，力图体现国内外在该领域的最新研究进展。目前，国内基于机器学习的网络流量识别方面的书籍依然十分匮乏，希望本书能给广大读者提供一定的帮助，从理论和实验中进一步了解基于机器学习的网络流量识别的相关技术。

本书共 9 章，第 1 章主要介绍基于机器学习的网络流量识别算法的研究现状以及存在的问题。第 2 章主要针对 Pearson 相关系数无法处理多测度间复相关关系的缺陷，以及当前缺乏有效衡量多测度之间相关关系算法的情况，提出多选属性选择(multi selected attribute selection, MSAS)算法，通过机器学习 C4.5 分类算法进行分类，结果表明，该属性选择算法可以提高分类结果的正确率。第 3 章主要针对网络流量呈现出的非对称流量特征，通过构建双向流和单向流测度属性集合，提出自适应算法(adaptive algorithm, AA)进行流量识别，并通过自适应阈值自动调节单双向流的测度属性集合，实验结果表明，AA 能提高总体识别正确率，缓解由非对称路由对流量识别结果所造成的影响。第 4 章主要针对支持向量机(support vector machine, SVM)在流量识别应用中存在识别正确率不高和没有考虑两类误判造成损失上的差异问题，改进基于 SVM 的流量识别算法，提出二叉树 SVM 算法，构建两种流量特征(双向流特征和单向流特征)，研究核函数对流量分类的影响，理论分析和实验结果表明，提出的二叉树 SVM 算法在大流量识别问题上比小流量识别具有更好的弹性，且带有高斯核的径向基函数(radial basis function, RBF)是较好的选择。此外,基于数据不均衡性问题,提出基于主动学习的多分类代价敏感支持向量机(cost-sensitive support vector machine, CSVM)流量识别模型,该模型将流量识别正确率的提升转化为最优化问题,实验结果表明,所提出的 CSVM 流量识别模型能有效提升少量样本的识别正确率。第 5 章主要针对多分类器融合的问题,提出多概率神经网络(multi probability neural network, MPNN)流量识别模型,该模型克服了单概率神经网络识别正确率不高、效率较低的缺点。分析其多线程并发性在时间和内存上的表现,表明 MPNN 流量识别模型具有处理海量网络数据的能力。第 6 章主要针对加密流量的识别问题,提出一种基于贝叶斯更新机制的 SKYPE 流量在线识别模型。第 7 章主要针对聚类算法进行研究,并将谱聚类算法及改进的谱聚类算法应用到网络流量识别过程中。第 8 章主要利用 k 最近邻(k-nearest neighbor, KNN)分类算法结合标准数据集对未知流量进行识别。第 9 章对深度学习算法进行研究,并提出一种基于卷积神经网络及改进的卷积神经网络流量识别模型。

感谢国家自然科学基金联合基金项目"抽样环境下基于流记录的流量行为特征分析与多分类器模型研究"(U1504602)、中国博士后科学基金面上项目"基于云计算的流量识别关键技术研究"(2015M572141)、河南省科技攻关项目"SDN 环境下 DDoS 攻击流量检测方法研究"(192102210125)、河南省留学人员科技活动项目"高速网络环境下基于流记录的网络流量识别关键技术研究"和周口师范学院学术著作出版基金的资助。此外,还要感谢学生夏元俊为书稿修改做出的贡献。

由于作者水平有限,书中难免存在疏漏之处,恳请诸位专家、学者及广大读者不吝指正。

目　　录

第1章 绪　　论

1.1　研究背景、目的与意义

随着互联网的高速发展和网络用户的不断增加，网络流量日益庞大。而伴随各种新业务和新应用的不断出现，所使用的通信协议也愈加复杂。目前，对等网络(peer to peer, P2P)、流媒体、网络游戏等新应用的流量已经占据了网络流量的 60%以上[1]，同时网络上的恶意攻击行为也日渐增多，网络安全已提升至国家战略层面。流量识别作为网络管理的基础，也是众多网络安全问题定位的基础突破口。因此，如何采用有效的流量识别技术识别出不同网络流量的类型是网络管理和网络安全领域的一项重要议题。而基于机器学习(machine learning, ML)的流量识别算法能够克服端口号识别和深度报文检测(deep packet inspection, DPI)等算法的查准率不高且无法对加密流量进行识别等缺点，已经成为目前最流行的研究算法之一。此外，一些特定的技术也会对基于机器学习的流量识别产生一定的影响，如报文抽样技术，它作为高速网络流量测量和服务质量(quality of service, QoS)中所使用的关键技术，已经广泛应用于网络观测和监控设备中。如何解决在抽样环境下由信息缺失导致流量识别正确率下降的问题，将是流量识别研究领域的一项重要内容。因此，研究抽样环境下基于机器学习的流量识别算法非常重要，它有助于网络管理者正确地对各种业务流进行实时监控与管理，有助于互联网研究人员准确了解网络中各种流特征及相应的用户行为，有助于网络服务提供商在规划和建设网络时精确了解网络各类业务流的状况。

目前，所提出的基于机器学习的流量识别算法多建立在全报文采集的基础上，但随着网络带宽的飞速增长，流量也在不断增加，若对所有的报文都进行采集、存储并加以计算、分析，势必会增加系统压力，难以实现在线流量识别。因此，为了减少资源消耗，提高处理效率，抽样报文采集成为学术界和工业界普遍采用的算法。国际互联网工程任务组(internet engineering task force, IETF)早在 2002 年就成立了包采样(packet sampling, PSAMP)工作组，研究讨论并制定了对网络协议(internet protocol, IP)数据包的采样和过滤算法。IETF 的 IP 流信息输出(IP flow information export, IPFIX)和 IP 性能指标(IP performance metrics, IPPM)工作组也都建议使用报文抽样技术进行流量检测,并推荐了优先使用的抽样算法。工业界已有采用抽样机制的商业产品,目前各高端路由器和网络监控管理系统中的流信息统计与发布系统均采用了报文抽样技术,如思科的 NetFlow、华为的 NetStream、瞻博网络的 cflowd,以及美国惠普和网捷等公司支持的 sFlow 等。因此,研究报文抽样技术对流量识别的影响,不仅可以使网络流量识别算法在可接受的误差范围内处理更多网络流量,进一步提升流量识别效率,还可以将网络流量识别算法直接应用于 NetFlow 或其他从路由器采集的流记录,并能与以流记录为输入的网络管理系统相结合,提高流量识别的实用性。本书选择抽样环境下基于流记录的流量识别作为研究对象,以抽样机制为贯穿行为特征捕获与分析、属性选择、流量识别三个环节的一条主线,最终形成一套完整、高效的流量识别算法。

1.2　基于机器学习的流量识别算法研究现状

国内外在流量识别方面已经开展了较长时间的研究,也取得了不少成果。网络流量识别的研究共经历了三个阶段[2],第一阶段网络端口号相对固定,因此选用端口号进行协议识别成为早期网络流量识别的重要依据,典型的代表为 CoralReef[3],主要通过互联网地址分配机构(Internet Assigned Numbers Authority, IANA)提供的固定端口号来标记流量类型。随着网络技术的发展,各种新型应用(如 P2P、网络地址转换等)的广泛出现导致端口号不再成为区别协议的标志,采用端口号识别方法误判的概率越来越高,从而难以正确识别相应流量的类型。第二阶段的研究目标是通过深度报文检测算法识别网络流量,主要采用快速模式匹配技术在整个应用层数据中进行查找,其典型代表是 L7-filter[4]。但是该技术可能涉及隐私问题,且随着加密网络流量的出现,这种方式也愈加不能满足当前的识别需求。第三阶段的研究目标则是通过对流量特征属性的抽取并采用机器学习[5-16]算法进行训练及分类识别,该算法克服了深度报文检测无法识别隐私和加密流量的问题,典型的代表是由 Li 等[17]提出 248 种测度属性(附表),并采用贝叶斯算法进行流量识别。基于机器学习的流量识别算法[18-21]主要利用网络流量统计特征属性来构建函数模型,将数据集划分成不同类型。目前,基于机器学习的流量识别算法可以在一定程度上克服深度报文检测技术的缺陷,能够识别加密的网络流量以及 HTTP 隧道(HTTP tunnel)等流量,但其抽样环境和全报文采集不同,使得原有的与识别相关的技术已不能完全适用。因此,迫切需要构建能够完成抽样环境下的流量识别框架，包括网络特征数据捕获与分析、属性选择算法研究，并构建合理基于行为特征的流量识别模型。

1.2.1　属性选择算法研究

属性选择作为基于流记录流量识别的前端，通过选取对识别最具代表性的行为特征，降低测度属性集合的维度，减小属性测度计算和机器学习算法的时空复杂度，对提高流量识别模型的推广能力具有一定的意义。目前，属性选择算法大致分为两种，即 Filter[22]模型和 Wrapper[23]模型。Filter 模型主要通过评价函数来完成属性区分，且评价函数和分类器是相互独立的；而 Wrapper 模型则是将分类器的错误率作为评价机制来完成属性的区分；其相应的算法已经在一些高维度的数据中得到了极其广泛的应用[24,25]。

目前，在流量识别研究领域，属性选择算法仅限于对过多流统计属性进行属性选择以提高分类识别的查准率和效率。Moore 等[26]采用基于快速相关滤波器(fast correlation based filter, FCBF)的属性选择算法对 248 种测度属性进行选择。从数据采集角度分析，为了降低采集负担，Bernaille 等[27]提出只统计前几个报文数据来达到流量识别的目的。文献[28]针对样本的不均衡性提出了加权对称不确定性和 ROC①曲线下面积(weighted symmetrical uncertainty and area under ROC curve, WSU_AUC)的属性选择算法，以克服由目标对象变动引起的不均衡性问题，一定程度上提高了识别正确率，然而由于其计算复杂度偏高，难以适用于目前海量网络流量数据的识别。文献[29]提出了三种新测度(友好性、稳定性、相似性)，并将其应用到属性选择中进行评估，实验结果表明，所提出的测度能提高属性选择的有效性，然而同样存在计算复杂度偏高的问题。尽管上述研究在一定程度上提高了属性选取的精度，但同时也增加了计算复杂度。在抽样环境下，经过报文抽样后，随着流内报文数量的减少，虽然在一定程度上能降低计算复杂度，但也会给行为测度属性带来一定的影响。

基于行为识别应用的流量算法依据各协议所特有的行为特征进行抽样，而抽样技术会改变流量的行为特征分布，同时将直接影响流量识别的过程和结果。报文抽样对应用协议识别查准率的影响主要反映在报文抽样对协议行为测度分布的影响上，主要包括两方面：①报文抽样对时间维度上应用流传输行为分布的影响；②报文抽样间接造成流抽样对空间维度上主机行为分布

---

① ROC 为受试者工作特征(receiver operating characteristic)。

的影响。报文抽样会导致样本集中信息的缺失，使得识别算法在信息选择时的识别正确率下降，以 C4.5 分类算法为例，该算法采用信息增益率来选择属性，抽样后属性信息熵增加，在进行属性选择时易出现选取偏差，最终导致流量识别正确率下降。目前，已有的属性选择算法很少考虑抽样对流量行为特征的影响，显然必须设计一种新的属性选择算法适用于当前抽样环境，以提高流量识别正确率。

1.2.2　基于机器学习的流量识别算法研究

基于流记录的流量识别算法可以分为有监督学习的流量识别算法和无监督学习的流量识别算法。有监督学习的流量识别算法首先通过训练数据构建识别函数模型，进而利用该模型进行流量数据识别。而无监督学习的流量识别算法无须训练数据，只需要根据数据特征属性的相似度自动生成聚类结果，使同一类数据集合中的特征向量相似度尽可能大，不同数据集合中的特征向量相似度尽可能小。其中，文献[26]和[30]将有监督学习的流量识别算法应用于流量识别中。Moore 等[26]最早选用朴素贝叶斯(naive Bayes, NB)算法对网络流量进行识别，但只关注了传输控制协议(transmission control protocol, TCP)流量，研究对象具有一定的局限性。李君等[30]应用多种贝叶斯算法实现 P2P 业务识别，并比较算法的识别性能与代价，得出基于 K2 学习算法的贝叶斯网络、树增强型朴素贝叶斯(tree augmented naive Bayes, TAN)网络和贝叶斯网络增强朴素贝叶斯(Bayesian network augmented naive Bayes, BAN)算法的识别正确率相对较高且所需的识别时间较少，是比较理想的识别算法。但该算法是一种基于概率的学习算法，过于依赖样本空间的分布，具有潜在的不稳定性。后来 Moore 等[26]通过 FCBF 选择策略算法并采用核估计技术朴素贝叶斯核(naive Bayes kernel, NBK)对 NB 算法进行改进，识别正确率从 65%提高到 95%以上。李君等[30]比较了 FCBF+NBK 和 SVM[31-36]两种算法，结果表明，SVM 算法在不使用任何属性过滤策略的情况下，识别正确率仍略胜于 FCBF+NBK，并能有效避免不稳定因素带来的干扰，在处理流量识别问题时具有明显的优势。然而，该算法仅考虑查准率问题，并未关注训练模型的时间开销。Alshammari 等[37]使用重复增量剪枝以减少错误(repeated incremental pruning to produce error reduction, RIPPER)和 C4.5 两种分类算法进行识别，比较得知 C4.5 分类算法的检测速度和错误率优于 RIPPER 分类算法。此外，虽然 C4.5 分类算法可以有效避免网络流分布变化带来的影响，但仍不能实现真正意义上的网络流量在线识别[38]。

无监督学习的流量识别算法无须预先训练分类模型，因此能识别新型的网络应用类型产生的流量数据，从而得到了更多的关注。其中，基于划分的 K-means 聚类算法[39]、基于密度的带噪声的空间聚类应用(density-based spatial clustering of applications with noise, DBSCAN)算法[40]、AutoClass 算法[41]等基于无监督学习的流量识别算法先后用于网络流量识别中，并取得了较好的效果。

有监督学习的流量识别算法无法对未知流量进行划分，而无监督学习的流量识别算法虽然能够对未知流量进行分类，但无法对其进行识别，因此综合两者的优势，文献[12]提出了基于半监督学习的流量识别算法。目前，采用多分类器融合算法对流量进行识别的研究仍处于初级阶段，相应的文献比较有限。Ichino 等[42]提出了基于评分策略融合的流量识别模型，采用流中的五个流测度，对五种应用类型进行了分类实验。另外，Dainotti 等[2]提出的多分类器融合算法将成为未来的研究热点之一，并可以采用投票、贝叶斯概率、证据理论、行为知识空间等融合方案来解决分类器中的融合问题。尽管多分类器融合具有一定的前沿性，但面对抽样环境如何进行有效的工作仍是值得研究的问题。

最近，深度学习算法作为机器学习领域中一个新的研究热点，已经被广泛应用于图像处理及识别领域。目前，也有不少研究人员采用深度学习算法对网络流量进行识别[43-46]，然而该方面的研究还处于初级阶段，如数据大小对其影响以及流量识别的正确率提升等问题需要进一步得到解决。

另外，作者也贡献了一些算法[47-54]，这些算法涵盖有监督、无监督等基于机器学习的网络流量识别模型。随着无线网络和物联网的不断发展，针对特定环境下基于机器学习的网络流量识别技术[55-58]也得到了广泛的关注和研究。其中，文献[55]～[57]研究了物联网环境下的恶意流量识别，所采用的技术均为机器学习。而文献[58]是对特定的 Botnet 流量的识别研究。文献[59]～[61]主要对加密网络流量的识别进行研究：Liu 等[59]提出了一种无监督学习基于距离的高斯混合模型，用于计算恶意流量之间的距离，并利用 XGBoost 算法构建识别模型，结果表明，该算法具有较高的识别正确率和效率。Niu 等[60]针对加密流量提出了一种统计学和机器学习相结合的启发式统计检验算法，为提高识别的查准率，还提出了一种握手跳过机制，结果表明，所提出的启发式统计检验算法具有较好的性能。另外，握手跳过机制可以更好地泛化未知的密码协议。Guo 等[61]提出了两种基于深度学习的虚拟专用网络(virtual private network, VPN)流量分类模型，将流量分为 VPN 流量和非 VPN流量，进一步识别六种应用程序产生的 VPN 流量。其所提出的模型分别利用卷积自动编码器(convolutional auto encoder, CAE)和卷积神经网络(convolutional neural network, CNN)对流量样本进行预处理,以实现实验目标。基于 CAE 的算法利用 CAE 的无监督特性提取隐藏层特征,能够自动学习原始输入和期望输出之间的非线性关系。该算法在提取图像的二维局部特征方面具有优势,结果表明,该模型比传统的识别模型具有更好的识别效果。在二分类识别中,以 CAE 模型识别效果最好,总体正确率为98.77%。在六分类识别中,以 CNN 模型的识别效果最好,总体正确率为92.92%。

1.3　基于机器学习的流量识别算法存在的问题

综上所述,对流量行为特征及识别算法的研究具有重要的理论意义与实际应用价值。尽管已有不少学者围绕提高识别正确率提出了部分理论和算法,但随着网络流量的快速增长,报文抽样技术已经广泛应用于网络管理系统,这些识别算法和理论已不能完全适用于抽样环境的新场景。如何在抽样环境下提高基于行为特征的流量识别正确率设计相应的算法和模型,仍是目前最值得研究的问题之一。另外,数据集各类型数量不平衡、海量高维数据和数据流量的实时检测等也是基于机器学习的流量识别算法当前所面对的问题。具体相关问题的描述如下:

(1)数据集各类型数量不平衡。由于训练模型频繁学习数量较多的应用流量类型的特征,而忽略了数量较少的应用流量类型的特征,产生了数据不平衡问题,所以在识别过程中高准确率往往偏向于高数量应用流量类型。

(2)海量高维数据。高速网络环境下的网络流量呈现海量、高维、动态性,普遍存在维数灾难的性质。高维数据中一些特征对有效的网络流量识别贡献不大,其中一些特征之间存在相关性,且高维数据导致很多机器学习算法的时空开销较大,一些算法因不同特征之间的相互干扰而性能急剧下降。因此,如何对海量高维数据进行快速、准确的处理已成为当前亟待解决的问题。

(3)实时检测。目前,大多数流量识别均使用公开的数据集,即进行离线检测。但随着近些年网络数据的扩张,网络流量的种类和数量也随之增加,甚至引发了各种未知的变体。因此,如何构建轻量级识别算法满足实时检测的需求已成当下之需。

(4)未知流量和加密流量检测。当前工作大多数采用模拟仿真方式,使用公开的数据集对模型进行训练,只能对已存在的流量进行识别,无法识别未知流量。现在,大部分流量传输过程中采用加密协议,无法通过传统的数据报文检测方式进行识别，采用机器学习算法也需要对加密的流量数据进行标签化处理。因此，如何对加密的流量进行标注也是基于机器学习的流量识别算法需要解决的问题。

(5)数据标记开销。如今标记数据的规模远跟不上应用的需求，数据标注成本极高。有了标记数据，算法才能进行后续训练，数据标注的质量越高，学习结果越准确。因此，如何利用少量标注的数据样本实现整体数据的检测是一个值得深度探讨的问题。

1.4　本书主要内容

本书主要对网络流量行为特征相关性[47]、属性选择算法、流量识别算法[48-50]进行研究和改进。在前期工作的基础上，重点关注抽样环境下的流量识别相关问题，分别介绍属性选择算法、基于流记录的流量识别算法。通过分析不同抽样策略对测度属性相关性的影响，提出适合抽样环境的多选属性选择算法；研究并提出改进的 SVM 网络流量识别算法；提出抽样环境下的多概率神经网络流量识别算法；提出基于改进的 K-means 半监督流量识别算法和基于深度学习的流量识别算法。具体将从以下几个方面进行介绍：

(1)网络流量识别算法首先要确定测度对于识别的有效性。通过对网络流量属性选择算法研究现状的分析，提出流区分信息度的属性选择算法，为网络流量识别提供有效依据。

(2)在对测度进行优化选择的基础上，通过对 SVM 进行改进，克服其识别正确率不高且未考虑两类误判造成损失上的差异问题，提出一种改进的 SVM 算法，并分析了核函数、惩罚参数 C 和核函数参数 γ 对识别算法精度的影响。该算法通过引入二叉树的机制提高了 SVM 的识别正确率，消除了输入数据噪声的影响，降低识别复杂度，提高识别正确率。为进一步提高识别算法的并发执行效率，提出 MPNN 流量识别算法，并对其时空复杂度进行分析，该算法由多个小概率神经网络组成并行神经网络链对流量进行识别，依据每个独立神经网络所标记的应用类型概率来判定其归属。鉴于单分类器对某一类型的应用流量具有较好的识别正确率，因而提出多分类器融合模型，并加入偏好性和时间度概念。为了分析流量识别的影响因素，分别从属性选择、抽样两个方面对分类结果进行实验分析。

(3)以加密 SKYPE 网络流量为研究对象,提出一种基于改进的朴素贝叶斯加密流量识别算法,该算法采用更新机制对朴素贝叶斯模型进行优化,在解决传统流量识别算法不能识别加密流量问题的同时，进一步提高流量识别正确率。

(4)对无监督机器学习流量识别算法在网络流量识别中的应用进行分析与研究，并提出基于谱聚类算法的流量识别模型，为未知流量的网络流量识别提出相应的解决方案，且所提出的模型在提升总体识别正确率方面具有一定的优势。

(5)为了进一步提升机器学习算法在流量识别方面的正确率，提高对加密流量及未知网络流量的识别效率，提出基于有监督学习和无监督学习的流量识别算法相结合的半监督学习的流量识别算法，该算法充分发挥两者的优势，利用已有的标签数据对未知的流量进行预测，结果表明所提出的半监督学习的流量识别算法能提升总体识别正确率。

(6)研究深度学习算法，并将其应用到流量识别当中。提出基于卷积神经网络流量识别(traffic identification based on convolutional neural network, TICNN)和量子粒子群优化(quantum particle swarm optimization, QPSO)的算法(即 TICNN-QPSO 算法)，该算法能有效地对网络流量进行识别，无须对网络流量特征进行属性选择，简化了流量识别过程，并利用深度学习算法的特点，有效提升大数据样本流量的识别正确率。

综上，本书所介绍的流量识别模型以提高识别正确率为总体研究目标，以探索抽样环境下流量行为特征及基于机器学习的流量识别算法为主要研究内容。通过对本书的学习和相关问题的深入研究，不仅可以掌握一些基于机器学习的网络流量识别算法，还能将现有的热点技术引入流量识别领域。此外，该书不仅具有重要的理论价值，同时还具有广泛的应用价值。

参 考 文 献

[1] Moore A W, Papagiannaki K. Toward the accurate identification of network applications[C]. International Workshop on Passive and Active Network Measurement, Berlin, 2005: 41-54.

[2] Dainotti A, Pescape A, Claffy K C. Issues and future directions in traffic classification[J]. IEEE Network, 2012, 26(1): 35-40.

[3] CAIDA. CoralReef software suite[EB/OL]. http://www.caida.org/tools/measurement/coralreef/ [2019-11-12].

[4] Levandoski J, Sommer E, Strait M. L7-filter, application layer packet classifier for linux[EB/ OL]. http://l7-filter.sourceforge.net/[2009-01-07].

[5] Zander S, Nguyen T, Armitage G. Sub-flow packet sampling for scalable ML classification of interactivetraffic[C].37th Annual IEEE Conference on Local Computer Networks,

Clearwater Beach, 2012: 68-75.

[6] Jin Y, Duffield N, Erman J, et al. A modular machine learning system for flow-level traffic classification in large networks[J]. ACM Transactions on Knowledge Discovery from Data, 2012, 6(1): 1-34.

[7] Nguyen T T, Armitage G, Branch P, et al. Timely and continuous machine-learning-based classification for interactive IP traffic[J]. IEEE/ACM Transactions on Networking, 2012, 20(6): 1880-1894.

[8] Bermolen P, Mellia M, Meo M, et al. Abacus: Accurate behavioral classification of P2P-TV traffic[J]. Computer Networks, 2011, 55(6): 1394-1411.

[9] Alshammari R, Zincir-Heywood A N. Can encrypted traffic be identified without port numbers, IP addresses and payload inspection[J]. Computer Networks, 2011, 55(6): 1326-1350.

[10] Soysal M, Schmidt E G. Machine learning algorithms for accurate flow-based network traffic classification: Evaluation and comparison[J]. Performance Evaluation, 2010, 67(6): 451-467.

[11] Saad S, Traore I, Ghorbani A, et al. Detecting P2P Botnets through network behavior analysis and machine learning[C]. 9th Annual International Conference on Privacy, Security and Trust, Montreal, 2011: 174-180.

[12] Erman J, Mahanti A, Arlitt M, et al. Offline/realtime traffic classification using semi-supervised learning[J]. Performance Evaluation, 2007, 64(9): 1194-1213.

[13] Lim Y, Kim H, Jeong J, et al. Internet traffic classification demystified: On the sources of the discriminative power[C]. Proceedings of the 6th International Conference, Philadelphia, 2010: 1-12.

[14] Deng S, Luo J, Liu Y, et al. Ensemble learning model for P2P traffic identification[C]. Proceedings of the 11th International Conference on Fuzzy Systems and Knowledge Discovery, Xiamen, 2014: 436-440.

[15] Zarei R, Monemi A, Marsono M N. Automated dataset generation for training peer-to-peer machine learning classifiers[J]. Journal of Network and Systems Management, 2015, 23(1): 89-110.

[16] Donato W D, Dainotti A. Traffic identification engine: An open platform for traffic classification[J]. IEEE Network, 2014, 28(2): 56-64.

[17] Li W, Canini M, Moore A W, et al. Efficient application identification and the temporal and spatial stability of classification schema[J]. Computer Networks, 2009, 53(6): 790-809.

[18] Dusi M, Gringoli F, Salgarelli L. Quantifying the accuracy of the ground truth associated with internet traffic traces[J]. Computer Networks, 2011, 55(5): 1158-1167.

[19] Gringoli F, Salgarelli L, Dusi M, et al. Gt: Picking up the truth from the ground for internet traffic[J]. ACM SIGCOMM Computer Communication Review, 2009, 39(5): 12-18.

[20] Lee S, Kim H, Barman D, et al. Netramark: A network traffic classification benchmark[J]. ACM SIGCOMM Computer Communication Review, 2011, 41(1): 22-30.

[21] Pietrzyk M, Urvoy-Keller G, Costeux J L. Revealing the unknown ADSL traffic using statistical methods[C]. International Workshop on Traffic Monitoring and Analysis, Berlin, 2009: 75-83.

[22] Das S. Filters, wrappers and a boosting-based hybrid for feature selection[C]. Proceedings of the 18th International Conference on Machine Learning, Williamstown, 2001: 74-81.

[23] Kohavi R, John G H. Wrappers for feature subset selection[J]. Artificial Intelligence, 1997, 97(1-2): 273-324.

[24] Saeys Y, Inza I, Larrañaga P. A review of feature selection techniques in bioinformatics[J]. Bioinformatics, 2007, 23(19): 2507-2517.

[25] Liu H, Liu L, Zhang H. Ensemble gene selection for cancer classification[J]. Pattern Recognition, 2010, 43(8): 2763-2772.

[26] Moore A W, Zuev D. Internet traffic classification using Bayesian analysis techniques[C]. Proceedings of the ACM Sigmetrics International Conference on Measurement and Modeling of Computer Systems, Banff, 2005: 50-60.

[27] Bernaille L, Teixeira R, Salamatian K. Early application identification[C]. Proceedings of the ACM Conext Conference, Lisboa, 2006: 1-12.

[28] Zhang H, Lu G, Qassrawi M T, et al. Feature selection for optimizing traffic classification[J]. Computer Communications, 2012, 35(12): 1457-1471.

[29] Fahad A, Tari Z, Khalil I, et al. Toward an efficient and scalable feature selection approach for internet traffic classification[J]. Computer Networks, 2013, 57(9): 2040-2057.

[30] 李君, 张顺颐, 王浩云, 等. 基于贝叶斯网络的 Peer to Peer 识别算法[J]. 应用科学学报, 2009, 27(2): 124-130.

[31] 徐鹏, 刘琼, 林森. 基于支持向量机的 Internet 流量分类研究[J]. 计算机研究与发展, 2009, 46(3): 407-414.

[32] Li Z, Yuan R, Guan X. Accurate classification of the internet traffic based on the SVM Method[C]. IEEE International Conference on Communications, Glasgow, 2007: 1373-1378.

[33] Este A, Gringoli F, Salgarelli L. Support vector machines for TCP traffic classification[J]. Computer Networks, 2009, 53(14): 2476-2490.

[34] Groleat T, Arzel M, Vaton S. Hardware acceleration of SVM-based traffic classification on FPGA[C]. The 8th International Wireless Communications and Mobile Computing Conference, Limassol, 2012: 443-449.

[35] Ding L, Yu F, Peng S, et al. A classification algorithm for network traffic based on improved support vector machine[J]. Journal of Computers, 2013, 8(4): 1090-1096.

[36] Meyer D, Wien F H T. Support vector machines[J]. R News, 2001, 1(3): 23-26.

[37] Alshammari R, Zincir-Heywood A N. Investigating two different APP roaches for encrypted traffic classification[C]. 6th Annual Conference on Privacy, Security and Trust, Fredericton, 2008: 156-166.

[38] Hirvonen M, Laulajainen J P. Two-phased network traffic classification method for quality of service management[C]. IEEE 13th International Symposium on Consumer Electronics, Kyoto, 2009: 962-966.

[39] Erman J, Arlitt M, Mahanti A. Traffic classification using clustering algorithms[C]. Proceedings of the Sigcomm Workshop on Mining Network Data, Pisa, 2006: 281-286.

[40] McGregor A, Hall M, Lorier P, et al. Flow clustering using machine learning techniques[C]. International Workshop on Passive and Active Network Measurement, Berlin, 2004: 205-214.

[41] Zander S, Nguyen T, Armitage G. Automated traffic classification and application identification using machine learning[C]. The IEEE Conference on Local Computer Networks 30th Anniversary, Sydney, 2005: 250-257.

[42] Ichino M, Maeda H, Yamashita T, et al. Internet traffic classification using score level fusion of multiple classifier[C]. IEEE/ACIS 9th International Conference on Computer and Information Science, Kaminoyama, 2010: 105-110.

[43] 陈雪娇, 王攀, 俞家辉. 基于卷积神经网络的加密流量识别算法[J]. 南京邮电大学学报(自然科学版), 2018, 38(6): 40-45.

[44] 王勇, 周慧怡, 俸皓, 等. 基于深度卷积神经网络的网络流量分类算法[J]. 通信学报, 2018, 39(1): 14-23.

[45] Jain A V. Network traffic identification with convolutional neural networks[C]. IEEE 16th International Conference on Dependable, Autonomic and Secure Computing, Athens, 2018: 1001-1007.

[46] Wang X, Chen S, Su J, et al. Real network traffic collection and deep learning for mobile

APP identification[J]. Wireless Communications and Mobile Computing, 2020, 2020: 1-14.

[47] Dong S, Ding W, Chen L. Measure correlation analysis of network flow based on symmetric uncertainty[J]. KSII Transactions on Internet & Information Systems, 2012, 6(6): 1649-1667.

[48] Dong S, Zhou D D, Zhou W, et al. Research on network traffic identification based on improved BP neural network[J]. Applied Mathematics & Information Sciences, 2013, 7(1): 389-398.

[49] Dong S, Zhou D, Ding W, et al. Flow cluster algorithm based on improved K-means method[J]. IETE Journal of Research, 2013, 59(4): 326-333.

[50] Dong S, Zhang X, Zhou D. Auto adaptive identification algorithm based on network traffic flow[J]. International Journal of Computers Communications & Control, 2014, 9(6): 672-685.

[51] Dong S, Liu W, Zhou D D, et al. NSVM: A new SVM algorithm based on traffic flow metric[J]. Journal of Internet Technology, 2015, 16(6): 1005-1014.

[52] Dong S, Li R. Traffic identification method based on multiple probabilistic neural network model[J]. Neural Computing and Applications, 2019, 31(2): 473-487.

[53] Dong S, Xia Y, Peng T. Traffic identification model based on generative adversarial deep convolutional network[J]. Annals of Telecommunications, 2021: 1-15.

[54] Dong S. Multi class SVM algorithm with active learning for network traffic classification[J]. Expert Systems with Applications, 2021, 176: 114885.

[55] Shafiq M, Tian Z H, Bashir A K, et al. IoT malicious traffic identification using wrapper-based feature selection mechanisms[J]. Computers & Security, 2020, 94: 101863.

[56] Shafiq M, Tian Z H, Sun Y B, et al. Selection of effective machine learning algorithm and Bot-IoT attacks traffic identification for internet of things in smart city[J]. Future Generation Computer Systems, 2020, 107: 433-442.

[57] Shafiq M, Tian Z H, Bashir A K, et al. CorrAUC: A malicious Bot-IoT traffic detection method in IoT network using machine-learning techniques[J]. IEEE Internet of Things Journal, 2020, 8(5): 3242-3254.

[58] Biswas R, Roy S. Botnet traffic identification using neural networks[J]. Multimedia Tools and Applications, 2021, 80: 24147-24171.

[59] Liu J Y, Tian Z Y, Zheng R F, et al. A distance-based method for building an encrypted malware traffic identification framework[J]. IEEE Access, 2019, 7: 100014-100028.

[60] Niu W, Zhuo Z, Zhang X, et al. A heuristic statistical testing based approach for encrypted network traffic identification[J]. IEEE Transactions on Vehicular Technology, 2019, 68(4): 3843-3853.

[61] Guo L, Wu Q, Liu S, et al. Deep learning-based real-time VPN encrypted traffic identification methods[J]. Journal of Real-Time Image Processing, 2020, 17(1): 103-114.

第2章 多选属性选择算法

2.1 引 言

随着网络带宽的不断增长,网络行为模式日益复杂,各种新型网络应运而生,应用类型识别作为网络管理中一个研究热点逐渐受到国内外研究人员的广泛关注。传统的应用类型识别主要分为三类:基于端口号[1]、基于 DPI[2] 和基于 ML[3-21]。目前,P2P 应用普遍使用随机动态端口号,因此基于端口号的网络流量识别算法已不适用;而基于 DPI 的网络流量识别算法需要已知特征码,故其对加密 P2P 应用束手无策,且难以应用到高速网络环境当中;基于 ML 的网络流量识别算法不仅可以在流层面上基于流量行为特征进行识别,也可以对加密的网络流量数据进行识别,因此受到国内外学者的广泛关注。

然而,目前多数研究者都是基于全报文数据进行分析的,但采集该类型数据需要付出较高的代价,与此同时,也给在线流量识别需求提出巨大挑战。由于训练数据作为 ML 模型的输入,所以对于模型的输出结果至关重要。选择不同属性数量和类型作为测度属性集合并将其作为训练数据已经成为这个领域的一个研究热点,由此产生了许多针对属性选择算法的研究。这些算法多以单测度之间的衡量评估算法为主,缺少针对多个测度属性之间相关性的衡量算法。因此,本章以基于 NetFlow 抽样的流记录和扩展流记录为研究对象,提出并深入分析其流记录的几种测度,并将所分析的流记录测度作为特征属性。考虑到所提出的属性与类之间的相关性对分类算法的影响,本章提出多选属性选择算法,通过机器学习 C4.5 分类算法对网络流量进行分类。实验结果表明,该属性选择算法可以提高分类结果的正确率,并且采用基于 NetFlow 固有流记录和扩展流记录的特征属性进行分类的总体效果和采用全报文采集数据的分类结果基本相同。因此,该算法可以运用到在线网络流量识别中,并能获得较好的识别效果。

本章的组织结构如下:2.2 节介绍常见的 ML 算法和属性选择算法;2.3 节描述基于 NetFlow 固有流记录和扩展流记录的流量识别模型;2.4 节描述当

前的属性选择算法，提出针对本章流量识别模型的 MSAS 算法；2.5 节介绍实验的结果与评估分析，得出相关结论；2.6 节总结本章内容。

2.2　常用机器学习算法和属性选择算法概述

ML 算法识别的目标是通过对样本数据的学习来构建学习分类器，然后利用所构建的分类器对测试样本进行分类。将 ML 算法引入网络流量识别领域，主要是为了解决深度报文检测算法无法识别加密及隐私流量，以及基于端口号的网络流量识别算法识别正确率不高等问题。

1. 机器学习识别算法

贝叶斯算法主要包括朴素贝叶斯(NB)、贝叶斯网络(Bayesian network, BayesNet)等。Moore 等[5]采用 NB 算法对网络流量进行分类，此算法虽然分类速度快，但是分类查准率偏低。之后，通过 FCBF 属性选择算法对属性进行优化选择，同时采用核估计技术对 NB 算法进行改进，结果表明，改进算法的总体分类查准率有显著提升。李君等[6]通过提取相关特征，采用遗传算法进行属性选择，并使用贝叶斯网络实现 P2P 流量识别，结果表明，K2、TAN 和 BAN 算法具有较高的分类查准率和较快的分类速度，且可扩展性强；但它是一种基于概率的学习算法，过于依赖样本空间的分布，具有潜在的不稳定性。

文献[7]提出了一种 SVM 算法，并和 NB、NBK、NB+FCBF、NBK+FCBF 算法进行了比较，结果表明，该 SVM 算法在不使用属性优化选择算法的情况下，总体分类查准率不仅远胜于 NB 算法，还略胜于采用了两种优化策略的 NBK+FCBF 算法，并且能够有效避免不稳定因素带来的干扰，在处理流量分类问题时具有明显的优势。Li 等[8]采用 SVM 算法和属性选择策略把流量分为 7 类，并分别对有偏样本和无偏样本进行实验，结果表明，相比于有偏样本，对无偏样本进行训练的分类查准率偏低。

决策树(decision tree, DT)包括 C4.5 分类算法、随机森林(random tree, RT)等。Ma 等[9]从训练时间、测试时间及总体正确率几个方面对 15 种算法进行了评估，其网络流量分类实验结果表明，C4.5 分类算法是最佳的网络流量识别算法。Alshammari 等[10]对 RIPPER 和 C4.5 分类算法进行分类评估，结果表明，C4.5 分类算法与 RIPPER 算法相比拥有较高的检测速度和较低的误报率。

此外，C4.5 分类算法虽不受网络流量报文大小及分布的影响，但仍未能实现真正意义上的网络流量在线分类[11]。

2. 属性选择算法

当前主要有基于 Filter 模型和基于 Wrapper 模型的属性选择算法，基于 Filter 模型的属性选择算法主要通过评价函数来完成属性区分，而基于 Wrapper 模型的属性选择算法则是将分类器的错误率作为评价机制来完成属性的区分。Filter 模型中的评价函数和分类器是相互独立的，主要包括 Ranking 算法和子集搜索算法。例如，文献[22]～[25]比较了基于对称不确定性 (symmetrical uncertainty, SU)、基于 Relief 算法和基于最小描述长度 (minimum description length, MDL) 算法的优劣，并指出当样本数量足够时，MDL 算法的效果最好，SU 算法最稳定。文献[26]提出了一种新的快速计算特征相关关系的算法——最大信息压缩索引，然而其针对的对象仍然只是线性相关关系。为了进一步避免线性相关的不足，文献[27]～[29]均借鉴了信息理论中的熵和互信息量等概念，提出了各自的快速特征选择算法，并在分类实验中获得了较好的效果。文献[30]同样基于熵理论，指出在有决策变量存在时以往的测度相关性计算算法(包括 SU)不能准确表示相关关系，提出了一种在决策变量存在的前提下计算相关关系及测度选择的算法，并将其应用于网络异常检测的特征选择中。文献[31]以语音验证为应用背景，通过采用常用的属性选择算法选取语音特征向量中最重要的特征作为属性特征，分析并评价了信息增益 (information gain, IG)、增益率 (gain rate, GR)、SU、基于相关性的特征选择 (correlation-based feature selection, CFS)、支持向量机递归特征消除 (support vector machine recursive feature elimination, SVM-RFE) 五种特征选择算法[32] 的优劣，结果表明 SVM-RFE 算法的效果稍差，其他四种算法结果相近。文献[24]提出了 WSU_AUC 属性选择算法，结果表明其所采用的算法可以达到大于99%的流正确率和大于91%的字节正确率。

2.3 基于流记录的流量识别模型

目前，流量识别模型大部分是针对全报文采集数据的研究，由于可以获取更多的报文信息，所以能更准确地对流量进行识别和分类。而该算法需要很大的计算负载，测度计算的复杂度较高，在线识别的难度较大。在 NetFlow

技术出现后，研究人员一般考虑采用 NetFlow 固有流的属性以及扩展流的属性来实现流量识别，该方式既可以减小由大流量负载带来的压力，又可以提高识别效率，真正意义上实现在线流量识别。鉴于此，本节采用 NetFlow 流记录以及扩展的 NetFlow 流记录作为研究对象，提出如图 2.1 所示的基于 NetFlow 流记录的在线流量识别模型。

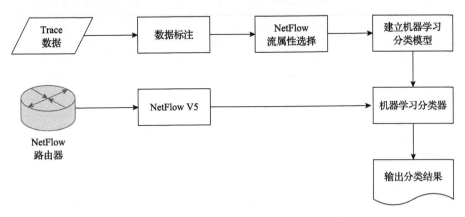

图 2.1　基于 NetFlow 流记录的在线流量识别模型

在介绍具体模型之前，先引入本章所要使用的 NetFlow 流记录和扩展的 NetFlow 流记录、应用类型识别目标集合的描述。

定义 2.1　NetFlow 流记录和扩展的 NetFlow 流记录样本的描述：

$$X = \{x_1, x_2, x_3, \cdots, x_t\}$$

定义 2.2　应用类型识别目标集合的描述：

$$Y = F(X) = \{y_1, y_2, y_3, \cdots, y_t\}$$

通过样本数据可以确定函数的参数，而分类器就是函数 $F(X)$ 本身的。

该识别模型包括数据收集、属性选择、流量分类模型建立和流量分类四个阶段。数据收集阶段主要是全报文采集及使用 DPI 工具进行数据标注。属性选择阶段主要通过组流产生 NetFlow 标准的流测度及依据标准流测度对相关变形所产生的测度进行属性优化选取（详细见 2.5 节），本书采用的 Noc_set 测度属性集合如表 2.1 所示。流量分类模型建立阶段主要根据机器学习算法建立相应的分类器。流量分类阶段主要运用建立的各分类器分别对 NetFlow V5 格式及扩展流记录进行识别分类，并得出相应的分类结果。

表 2.1 Noc_set 测度属性集合

编号	测度	测度描述
1	双向报文数(biodirecation packets)	前向和后向的报文数之和
2	双向字节数(biodirecation bytes)	前向和后向的字节数之和
3	平均报文长度(mean packets length)	双向字节数/双向报文数
4	流持续时间(flow duration)	流结束时间-流开始时间
5	tos	NetFlow 中双向 tos 或操作
6	tcpflags1*	某一方向流的 tcpflags
7	tcpflags2*	另一方向流的 tcpflags
8	传输协议(transfer protocol)*	NetFlow 直接得到
9	低位端口(low port)*	NetFlow 直接得到
10	高位端口(high port)*	NetFlow 直接得到
11	每秒报文数(packets per second)	报文数/持续时间
12	每秒字节数(bytes per second)	字节数/持续时间
13	平均报文到达时间(mean packets arrived time)	持续时间/报文数
14	双向报文数比(biodirecation packets ratio)	流中双向报文数的比
15	双向字节数比(biodirecation bytes ratio)	流中双向字节数的比
16	双向报文长度比(biodirecation packets length ratio)	流中双向报文长度的比

注：表中共列出了 16 个测度，其中有 5 个测度(带*)可以在 NetFlow 中直接得到，称为固有测度；其余的测度需要进行相应的计算，称为扩展测度。

2.4 多选属性选择算法分析与描述

本章使用的基于 Filter 模型的属性选择算法是 SU 评估算法和 FCBF 搜索算法的结合，包含如下概念和内容。

熵是随机变量的不确定性，即所包含信息量多少的度量。令 X 为一随机变量，则其熵定义为

$$H(X) = -\sum_i P(x_i) \log_2 [P(x_i)] \tag{2.1}$$

式中，$P(x_i)$ 为随机变量 X 取值的先验概率，即 $P(x_i) = P(X = x_i)$。

$H(X)$ 越大表示变量 X 的熵越大，即 X 的不确定性越大，其所携带的自信息量越大。在另一随机变量 Y 的观察值已确定的情况下，变量 X 的条件熵为

$$H(X \mid Y) = -\sum_j P(y_j) \sum_i P(x_i \mid y_i) \log_2[P(x_i \mid y_i)] \tag{2.2}$$

式中，$P(x_i \mid y_i)$ 为观测到随机变量 Y 取值为 y_i 后随机变量 X 取值为 x_i 的概率，称为变量 X 的后验概率。

$H(X)$ 表示已知 Y 取值之前的关于 X 的不确定性，而 $H(X \mid Y)$ 表示观察到随机变量 Y 的取值后仍保留的关于变量 X 的不确定性，则两者的差值 $H(X) - H(X \mid Y)$ 必然表示为由随机变量 Y 提供的关于 X 的信息量，在信息论中称为 X 和 Y 之间的互信息量，记作 $I(X;Y)$：

$$\begin{cases} I(X;Y) = H(X) - H(X \mid Y) = H(X) + H(Y) - H(X,Y) \\ H(X,Y) = -\sum_i \sum_j P(x_i, y_j) \log_2[P(x_i, y_j)] \end{cases} \tag{2.3}$$

式中，$H(X,Y)$ 为两变量的联合熵；$I(X;Y)$ 为得到变量 Y 的观察值后关于变量 X 的平均信息量，也表示两个随机变量之间的统计约束程度。

两变量之间的互信息量具有对称性，由式 (2.3) 可知：$I(X;Y) = I(Y;X)$。若变量 X 与变量 Y 不相关，则 $I(X;Y) = 0$；否则 $I(X;Y) > 0$，且 $I(X;Y)$ 值越大，表明 X 与 Y 的相关性越强，即若 $I(X;Y) > I(Z;Y)$，则 Y 与 X 的相关性较 Y 与 Z 更强。因此，可以依据互信息量 $I(X;Y)$ 定量衡量两测度之间的相关关系。但是，$I(X;Y)$ 的结果受变量取值和单位的影响，故需进一步对其进行均一化，得到 SU[22] 的定义为

$$\mathrm{SU}(X;Y) = \mathrm{SU}(Y;X) = 2 \times \frac{I(X;Y)}{H(X) + H(Y)} \tag{2.4}$$

SU 的取值范围和 Pearson 相关系数 ρ 相同，为 $[0,1]$，且为互信息量 $I(X;Y)$ 的单调增函数[22]，数值越大表示两变量间的相关程度越强，反之则越弱；取 0 表示两变量相互独立，取 1 表示两变量间存在严格的函数关系。SU 具有较高的准确性和通用性，因此常用于属性相关度的评估与分析。而 Wrapper 模型通常利用搜索技术对已选择的特征进行组合。通常属性选择算法会采用 Filter 模型和 Wrapper 模型相结合的方式，以充分利用两者的优势，更容易获

取最优的测度属性集合。本章所提到的 FCBF 属性选择算法即为采用基于 Filter 模型的 SU 算法和基于 Wrapper 模型的 FCBF 搜索算法的结合，是基于信息度量的一种属性选择算法，利用相关系数来分析属性测度之间的相关性，采用 SU 来度量非线性随机变量 X 和 Y 之间的相关关系。FCBF 属性选择算法采用 SU 作为衡量指标，SU 值越大代表属性特征的优越性越高。通过属性间相关度大小选择最佳的属性子集集合。FCBF 属性选择算法的基本思想是：通过 C 相关性(特征与类型之间的相关性)的值来刻画衡量特征与应用类之间的相关程度，依靠 F 相关性(特征之间的内部相关性)来度量特征之间的冗余性，删除小于某常量阈值 C 的相关性属性，最后对余下的属性进行冗余性分析。然而，目前所采用的 FCBF 属性选择算法的 SU 只能衡量两两测度之间的相关性，缺乏多测度之间相关性的评估，因此本节在 FCBF 属性选择算法的基础上提出多选属性选择算法。

2.4.1 多测度间相关关系分析

针对 Pearson 相关系数无法处理多测度间复相关关系的缺陷，以及当前缺乏有效地衡量多测度之间相关关系算法的情况，本节对式(2.3)的两变量间互信息定义加以扩展，得到如定理 2.1 所示的任意维随机向量之间的互信息，即表示多个流测度之间统计相关程度的信息度量。

命题 2.1 $I(\boldsymbol{X};\boldsymbol{Y}) = H(\boldsymbol{X}) + H(\boldsymbol{Y}) - H(\boldsymbol{X},\boldsymbol{Y})$，其中，$\boldsymbol{X}$、$\boldsymbol{Y}$ 分别为 m、n 维随机向量，$H(\boldsymbol{X}) = -\sum P(\boldsymbol{x}_i)\log_2[P(\boldsymbol{x}_i)]$，$H(\boldsymbol{X},\boldsymbol{Y}) = -\sum_i\sum_j P(\boldsymbol{x}_i,\boldsymbol{y}_j) \cdot \log_2[P(\boldsymbol{x}_i,\boldsymbol{y}_j)]$。

证明 将各随机向量中所有变量的联合取值分别映射成另一单随机变量的取值即得到式(2.3)。

命题 2.1 中的 $I(\boldsymbol{X};\boldsymbol{Y})$ 有如下递推关系：

$$I(\boldsymbol{X};\boldsymbol{Y}) = \sum_{i=1}^{n} I(\boldsymbol{X};Y_i \mid Y_{i-1}, Y_{i-2}, \cdots, Y_1)$$

证明

$$
\begin{aligned}
I(\boldsymbol{X};\boldsymbol{Y}) &= I[\boldsymbol{X};(Y_1, Y_2, \cdots, Y_n)] \\
&= I[(Y_1, Y_2, \cdots, Y_n);\boldsymbol{X}] \\
&= H(Y_1, Y_2, \cdots, Y_n) - H(Y_1, Y_2, \cdots, Y_n \mid \boldsymbol{X})
\end{aligned}
$$

$$= \sum_{i=1}^{n} H(Y_i \mid Y_{i-1}, \cdots, Y_1) - \sum_{i=1}^{n} H(Y_i \mid Y_{i-1}, \cdots, Y_1, \boldsymbol{X})$$

$$= \sum_{i=1}^{n} [H(Y_i \mid Y_{i-1}, \cdots, Y_1) - H(Y_i \mid Y_{i-1}, \cdots, Y_1, \boldsymbol{X})]$$

$$= \sum_{i=1}^{n} I(\boldsymbol{X}; Y_i \mid Y_{i-1}, Y_{i-2}, \cdots, Y_1)$$

定理 2.1 递推式的含义是随机变量 $Y_1, Y_2, \cdots, Y_n$ 所提供的平均信息量等于 Y_1 提供的平均信息量累加上在已知 $Y_1, Y_2, \cdots, Y_{i-1}(i = 2, 3, \cdots, n)$ 条件下 Y_i 所提供的平均信息量。因此，在实际计算流测度间相关关系时，可以根据较少测度间的互信息计算结果递推出多测度之间的互信息量，简化计算过程。

定理 2.2 $I(\boldsymbol{X}; \boldsymbol{Y}) \geqslant I(\boldsymbol{X}; Y_i)$ $(i = 1, 2, \cdots, n)$，且等式成立的条件是，当且仅当对于所有满足 $P(\boldsymbol{x}, \boldsymbol{y}) > 0$ 的 $(\boldsymbol{x}, \boldsymbol{y})$，有 $P(\boldsymbol{x} \mid \boldsymbol{y}) = P(\boldsymbol{x} \mid y_i)$。

证明 由定理 2.1 可得

$$\begin{aligned} I(\boldsymbol{X}; \boldsymbol{Y}) &= \sum_{i=1}^{n} I(\boldsymbol{X}; Y_i \mid Y_{i-1}, Y_{i-2}, \cdots, Y_1) \\ &= I(\boldsymbol{X}; Y_i) + I(\boldsymbol{X}; Y_1 \mid Y_i) + \cdots + I(\boldsymbol{X}; Y_{i-1} \mid Y_1, \cdots, Y_{i-2}) \\ &\quad + I(\boldsymbol{X}; Y_{i+1} \mid Y_1, \cdots, Y_i) + \cdots + I(\boldsymbol{X}; Y_n \mid Y_1, \cdots, Y_{n-1}) \end{aligned}$$

因为 $I \geqslant 0$，所以 $I(\boldsymbol{X}; \boldsymbol{Y}) \geqslant I(\boldsymbol{X}; Y_i)$，且当变量 $Y_1, \cdots, Y_{i-1}, Y_{i+1}, \cdots, Y_n$ 都与 $\boldsymbol{X}$ 独立时，上式中各条件互信息取值均为 0，$I(\boldsymbol{X}; \boldsymbol{Y}) = I(\boldsymbol{X}; Y_i)$。

定理 2.3 随机向量所提供的信息量，不会少于其中任意分量所单独提供的信息量，即随机向量之间的相关情况强于其中任意分量之间的相关情况。同样，为了降低变量单位对相关关系衡量的影响，参考式 (2.4) 对 $I(\boldsymbol{X}; \boldsymbol{Y})$ 进行均一化处理，得到表示任意维随机向量之间统计相关关系的多测度对称不确定性定义。

定义 2.3 多测度对称不确定性定义为 $\mathrm{SU}(\boldsymbol{X}; \boldsymbol{Y})$：

$$\mathrm{SU}(\boldsymbol{X}; \boldsymbol{Y}) = 2 \times \frac{I(\boldsymbol{X}; \boldsymbol{Y})}{H(\boldsymbol{X}) + H(\boldsymbol{Y})} \tag{2.5}$$

式中，$\boldsymbol{X}$、$\boldsymbol{Y}$ 分别为 m、n 维的随机向量。

由命题 2.1 中 $I(\boldsymbol{X}; \boldsymbol{Y})$ 的定义可知，多变量之间对称不确定性 $\mathrm{SU}(\boldsymbol{X}; \boldsymbol{Y})$ 的

取值同样位于[0, 1]，且结果值越大，随机向量 X、Y 之间的相关关系越强。特别地，当 $m=1$、$n=2$ 时，可以表示为三测度 $(X、Y、Z)$ 之间的统计复相关关系，且有

$$\begin{cases} \mathrm{SU}(X;YZ) \geqslant \mathrm{SU}(X;Y) \\ \mathrm{SU}(X;YZ) \geqslant \mathrm{SU}(X;Z) \end{cases} \tag{2.6}$$

2.4.2　FCBF 算法描述

定义 2.4　流的属性特征集合为 $\{A_1, A_2, \cdots, A_i, \cdots, A_n\}$，流的类集合为 $\{B_1, B_2, \cdots, B_k, \cdots, B_n\}$。首先，求出所有属性与类属性之间的 $\mathrm{SU}(A_i, B_k)$。然后，利用阈值 ∂ 的大小删除 $\mathrm{SU}(A_i, B_k)$ 中小于 ∂ 的属性，将剩余的属性按照 $\mathrm{SU}(A_i, B_k)$ 从大到小的顺序排列，分别计算属性与属性之间的 $\mathrm{SU}(A_i, A_j)$ 值，若 A_i 属性排在 B_k 属性的前面，且 $\mathrm{SU}(A_i, A_j) > \mathrm{SU}(A_i, B_k)$，则认为 B_k 属性冗余并从队列中删除，最终所得的测度属性集合即为降维后的测度属性集合。

2.4.3　MSAS 算法描述

为了对各流属性特征进行度量，在流中引入如下概念。

定义 2.5　流的分类熵 $\mathrm{Entropy}(F)$ 的表达式如下：

$$\mathrm{Entropy}(F) = \sum_{i=1}^{c} -p_i \log_2 p_i \tag{2.7}$$

定义 2.6　信息增益 $\mathrm{InfoGain}(F, A)$：

$$\mathrm{InfoGain}(F, A) = \mathrm{Entropy}(F) - \sum_{t \in \mathrm{Value}(A)} \frac{|F_t|}{|F|} \mathrm{Entropy}(F_t) \tag{2.8}$$

式中，$\mathrm{Value}(A)$ 为特征属性 A 所有可能的集合；F_t 为 F 流中特征属性 A 的值为 t 的集合。

定义 2.7　流的期望交叉熵 (expected cross entropy, ECE)：

$$\mathrm{ECE}(t) = P(t) \sum_i P(c_i \mid t) \log_2 \frac{P(c_i \mid t)}{P(c_i)} \tag{2.9}$$

式中，$P(c_i \mid t)$ 为流中出现的特征测度属性为 t 时输入应用流类型为 c_i 的概率；

$P(t)$ 为特征属性 t 出现的概率；$P(c_i)$ 为类型 c_i 出现的概率。$P(c_i|t)$ 的值越大，表明特征属性 t 和类型 c_i 的相关性越强。ECE 反映了类型 c_i 的概率分布和特征属性 t 条件下分类的概率分布之间的距离。特征测度的期望熵越大，表明对流分类的分布影响也越大。

定义 2.8　流区分信息属性度(information gain expected cross entropy, IGECE)：

$$IGECE = InfoGain(F, A) \times ECE(t) \tag{2.10}$$

本节提出流区分信息属性度概念，主要因为信息增益可以对所有的特征值进行计算，而 ECE 主要关注与 c_i 相关的特征值的概率。通过 MSAS 算法可以提高属性区分的准确度。

定义 2.9　归一化的流区分信息属性度(normalization information gain expected cross entropy, NIGECE)：

$$NIGECE = \frac{IGECE - min(IGECE)}{max(IGECE) - min(IGECE)} \tag{2.11}$$

式(2.11)对 IGECE 进行归一化处理使其取值为[0,1]。

MSAS 算法的基本思想如下。

输入：带有全部属性的流记录。

输出：约简后的选择属性队列。

设 $C(n,k)$ 为 SU 所有的多属性之间的组合数，k 为从 n 个属性测度中选取的测度数。

首先利用阈值删除 $SU(A_1, A_2, \cdots, A_k)$ 小于给定阈值的属性，把剩余属性 SU 按照从小到大的顺序进行排列，计算出 $SU(A_1, A_2, \cdots, A_k)$ 中的最大值，并计算出 $IGECE(F, A_t)$ 的最小值，如果 A_t 和 A_k 是同一个测度属性集合，则把 A_k 添加到删除属性队列；否则，添加到选择属性列表。

定理 2.4　MSAS 算法时间复杂度不超过 $O^2(k \times t)$。

证明　设 k 表示测度属性集合的个数，t 表示类型个数，d 表示删除队列属性个数，s 表示选择队列属性个数，则有 $d + s = k$，$SU(A_i, A_j)$ 的复杂度为 $O(i \times j)$ $(0 < i < k, 0 < j < k)$。MSAS 算法的时间复杂度 $O(i) = O(k \times t) \times O(i \times j) < O^2(k \times t)$。

综上所述，算法的时间复杂度不超过 $O^2(k \times t)$，证毕。

算法 2.1　MSAS 算法伪代码如下。

算法 2.1　MSAS 算法

1. 输入参数 $F[\text{flow}_1, \cdots, \text{flow}_n]$ 为 n 个应用流记录

2.　　MSAS(Flow $\times F$, APP, A)

3.　　**if** (F 流中存在 A 属性)

4.　　　计算流 F 的熵 Entropy(F)

5.　　　**for** 1 到 A 属性个数

6.　　　　**for** 1 到所有 t 的个数

7.　　　　计算 InfoGain(F, A) 的数值

8.　　　　计算 ECE(t)

9.　　　　计算 MSAS(F, A_t)

10.　　　　　CM = Get_ALLMETRIC(APP)

11.　　　　　//得到所有组合属性队列

12.　　　　　**if** SU$(A_{c(n,0)}, \cdots, A_{c(n,k)}) > \delta$

13.　　　　　加入选择属性队列

14.　　　　　计算 MAX(SU(A_i, A_j))

15.　　　　**else if** ($A_i = A_t$)

16.　　　　　A_i 加入删除属性队列

17.　　　　**else**

18.　　　　　A_i 加入选择队列

19.　　　　**end if**

20.　　　　**end for**

21.　　　对 MSAS 进行排序

22.　　　**end for**

23.　　**else**

24.　　不进行判断，直接返回

25.　　**end if**

例如，根据所研究报告的实验数据通过实验得到 Entropy(F) 为 4.19425，而各个测度的信息增益值、期望交叉熵和 MSAS 值如表 2.2 所示。通过表 2.2 中信息增益值和期望交叉熵的计算值，可以看出双向报文数比的流区分信息属性度值为最低，以此说明属性特征中双向报文数比的流区分度最小，这样就可以把这个变量的值和 MSAS 算法中的 MAX(SU(A_i, A_j)) 属性进行比较，如果相同，则加入删除属性队列；如果不同，则加入选择队列。最后，通过删除对整个数据集影响最不明显的属性来达到降维的目的。

表 2.2　各测度信息增益值及期望交叉熵和 MSAS 值

编号	测度	信息增益值	期望交叉熵	IGECE	NIGECE
1	双向报文数	3.08825606703015	0.161845690953003	0.499821	0.1852
2	双向字节数	4.03752409896933	0.447603842491633	1.807211	0.8746
3	平均报文长度	4.15668159567677	0.483473823208809	2.009647	0.9813
4	流持续时间	4.07234788125259	0.458086845521357	1.865489	0.9053
5	tos	2.93468392213458	0.115615868840978	0.339296	0.1006
6	tcpflags1	3.23022474599294	0.204582521765590	0.660848	0.2701
7	tcpflags2	3.27027924911432	0.216640128666544	0.708474	0.2952
8	传输协议	2.91725337461152	0.110368751195693	0.321974	0.0914
9	低位端口	3.89946697982442	0.406044508514030	1.583357	0.7565
10	高位端口	3.98905799871266	0.433014092541501	1.727318	0.8324
11	每秒报文数	4.12144779038396	0.472867390954274	1.948898	0.9493
12	每秒字节数	4.14071941185435	0.478668727081951	1.982033	0.9667
13	平均报文到达时间	4.11716015374125	0.471576683714321	1.941557	0.9454
14	双向报文数比	2.73129901065091	0.0543909098189299	0.148558	0.0000
15	双向字节数比	4.17705770529182	0.489607643397876	2.045119	1.0000
16	双向报文长度比	4.16410942575108	0.485709822863870	2.022549	0.9881

2.4.4　机器学习分类算法评估

目前，流量识别算法普遍采用查准率、查全率和总体正确率三个指标进行有效评估。为了对这三个指标进行描述，首先要引入真正、假正和假负三个概念，现给出如下定义。

(1) 真正 (true positive, TP)：实际类型为 i 的样本中被分类模型正确预测的样本数 $TP_i = h_{ii}$。

(2) 假正 (false positive, FP)：实际类型为非 i 的样本中被分类模型误判为类型 i 的样本数量 $FP_i = \sum_{j \neq i} h_{ji}$。

(3) 假负 (false negative, FN)：实际类型为 i 的样本中被分类模型误判为其

他类型的样本数 $FN_i = \sum_{i \neq j} h_{ij}$。

查准率、查全率和总体正确率的计算公式如下。

(1) 查准率 (precision)：

$$某协议查准率 = \frac{正确识别至该协议的流量}{识别至该协议的总流量} = \frac{TP_i}{TP_i + FP_i} \qquad (2.12)$$

(2) 查全率 (recall)：

$$某协议查全率 = \frac{正确识别至该协议的流量}{该协议实际的总流量} = \frac{TP_i}{TP_i + FN_i} \qquad (2.13)$$

(3) 总体正确率 (overall accuracy)：

$$总体正确率 = \frac{正确识别的总流量}{待识别的总流量} = \frac{\sum_{i=1}^{n} TP_i}{\sum_{i=1}^{n}(TP_i + FP_i)} \qquad (2.14)$$

2.5 实 验

实验数据的采集分三类：本地端系统抓包数据 (.pcap 文件)；IPTAS，即江苏省网边界路由器的 IPTrace 数据；Moore_set，即 Moore 等[5]统计的流记录数据 (Trace)。

2.5.1 IPTrace 数据

本节主要研究 WWW、Bulk、Mail、P2P、Service、Interactive (简称 Inter)、Multimedia (简称 MM)、Voice、Others 这些应用，对上述 9 种应用分别抓包，并利用改进的 L7-filter[19]软件进行数据标注。

IPTrace 共 3 组：第 1 组采集于 2010 年 5 月 18 日 0:00～1:00，第 2 组采集于当天的 5:00～6:00，第 3 组采集于当天的 19:00～20:00。上述数据的采集自江苏省教育网边界到中国教育和科研计算机网 (China education and research network, CERNET) 国家主干路由之间，每个报文均为 68 字节，前 8 字节为时间戳，后 60 字节为截取的报文长度，时间戳中 usec 的最后 1 位为报文方向标志(0、1 分别表示出、进江苏省网)。由于信道吞吐量大,同时为了保证 IP 流的完整性,报文抽样采用流抽样,抽样比为 1/4,抽样比的计算条件是所有被使用的 IP 地址的最后 3 位(bit)呈均匀分布。

表 2.3 中,三段不同的 IPTrace 采集于一天当中的不同时段,体现出了人们行为作息对流量的影响:例如,19:00～20:00 为上网高峰期,流量大,而凌晨 0:00～1:00 相对较少,5:00～6:00 则更少,此时大部分用户正在睡眠中,因此流量极少。同样利用改进的 L7-filter 软件对 IPTrace 数据进行数据标注,并把本地抓包数据和在边界路由器中采集的数据进行标签数据融合构成 Noc_set 数据集,具体见表 2.4。

表 2.3　Noc_set 数据

数据(IPTrace)	开始时间	持续时间/h	报文数	字节数	流数
	2010 年 5 月 18 日 0:00	1	3.70×10^8	2.52×10^{10}(24.0GB)	9.5012×10^4
Noc_set	2010 年 5 月 18 日 5:00	1	1.23×10^8	8.39×10^9(8.0GB)	3.804×10^4
	2010 年 5 月 18 日 19:00	1	4.78×10^8	5.73×10^{10}(53.57GB)	2.37815×10^5

表 2.4　Noc_set 数据集

编号	应用类型	具体应用	IP 数	流数	报文数	字节数
1	WWW	HTTP, HTTPS	20632	904572	6.87×10^7	7.74×10^6
2	Bulk	FTP	365	5483	1.09×10^5	5.42×10^{10}
3	Mail	POP3, IMAP, SMTP	58	385	21399	5.20×10^6
4	P2P	BitTorrent, eDonkey, XunLei	6338	11186	34157	3.02×10^6
5	Service	DNS, NTP	867	3035	2.27×10^5	1.13×10^8
6	Inter	SSH, CVS, pcAnywhere	2	6	3.84×10^4	2.58×10^7
7	MM	RTSP, REAL	7	20	2.04×10^6	1.56×10^8
8	Voice	SIP, SKYPE	35	276	1.42×10^8	9.42×10^{10}
9	Others	Game, Attack	8578	2.65×10^4	4.18×10^6	2.26×10^9

2.5.2　Moore_set 数据

Moore_set 数据集[20,21]包含 10 个数据子集,每个数据子集包含 1680s 内经过被测网络出口的所有完整 TCP 双向流。它是由 Moore 等[5]统计的流记录,具体所采用的数据见表 2.5，详细的数据采集和处理情况见文献[21]。实验部分的流量识别分类算法采用 Weka 套件中的 C4.5 分类算法和 NBK 分类算法，数据标注工具采用基于 L7-filter 的开源工具，并针对该软件自身所存在的问题(存在约 5%的误报率)进行改进。所采用的实验平台为两台个人计算机：Intel Core™ 2 Duo CPU 2.80GHz，数据标注采用的操作系统为 Linux，流量分类识别采用的操作系统为 Windows XP。

表 2.5　Moore_set 数据集

编号	应用类型	具体应用	流数	比例/%
1	WWW	HTTP, HTTPS	328091	86.91
2	Bulk	FTP	11539	3.056
3	Mail	POP3, IMAP, SMTP	28567	7.567
4	DB	Sqlnet, Oracle	2648	0.701
5	Service	DNS, NTP, LDAP	2099	0.556
6	P2P	Kazaa, BitTorrent, Gnutella	2094	0.555
7	Attack	Worm, Virus Attacks	1793	0.475
8	MM	MediaPlayer, REAL	1152	0.305
9	Inter	SSH, Klogin, Telnet	110	0.029
10	Game	Halflife	8	0.002

注：有些数字进行过舍入修约。

2.5.3　实验结果与分析

本节将基于 Noc_set 和 Moore_set 数据分两种算法进行实验：①采用基于 Filter 模型的属性选择算法(包含 SU 评价算法和 FCBF 搜索算法)，为了方便表示，以下简称 FCBF 算法；②采用本章提出的 MSAS 算法。另外，所采用的分类算法为经典的 C4.5 分类算法和 NBK 分类算法，评估验证采用十折交叉验证法对数据进行交叉验证。

十折交叉验证法是常用的精度测试算法，其基本思想是将数据集划分成 10 份，轮流将其中的 9 份作为训练数据，1 份作为测试数据进行实验。每次实验都会得出相应的正确率，10 次正确率的平均值作为对算法精度的估计。通过属性选择算法对高维数据进行降维处理，并采用十折交叉验证法对所提出的分类器进行评估。

对计算所得的 MSAS 值进行排序并将较小的 MSAS 值所在的属性列和 SU(A_i, A_j) 中最大值的属性列进行比较，如果相同，则删除，仅保留 MSAS 值较大的属性列，然后通过 MSAS 算法组合生成精简和优化后的属性列，因为这些属性从理论上对整体流 F 的影响较大。下面分别采用 C4.5 分类算法和 NBK 分类算法进行流量识别实验，分别采用查准率、查全率对分类算法进行评估。图 2.2、图 2.3 的实验结果表明，MSAS 算法相对于 FCBF 算法各应用

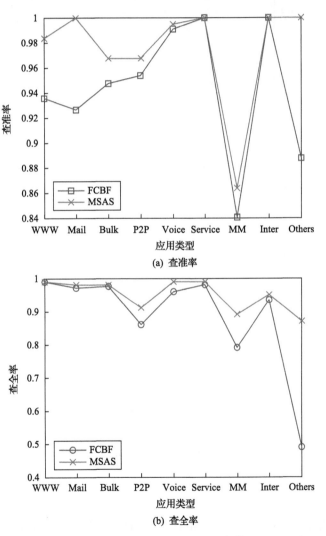

(a) 查准率

(b) 查全率

图 2.2　不同属性选择算法下采用 C4.5 分类算法(Noc_set)

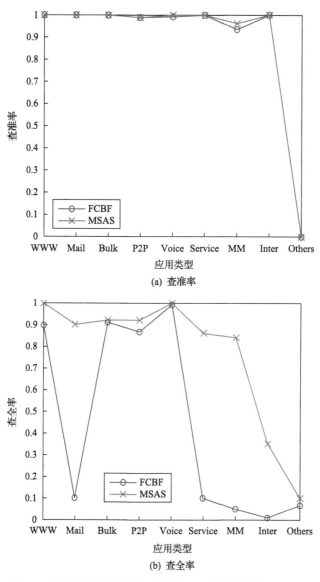

(a) 查准率

(b) 查全率

图 2.3　不同属性选择算法下采用 NBK 分类算法(Noc_set)

类型的查准率、查全率都有所提高，WWW、Voice 应用的查准率、查全率均达到 97%以上。同样从图 2.4、图 2.5 分析得出，MSAS 算法相对于 FCBF 算法各应用类型的查准率、查全率也有了不同程度的提高，WWW、Bulk、DB、Service 这四项应用的查准率、查全率也均达到 97%以上，除 Inter、Attack 和

Game 外，MM 在这几种分类识别评估结果中较低。从样本集角度来分析主要是 WWW、Service、Bulk、DB 样本数量比较充足，而 MM 样本数量较少；从期望交叉熵角度来分析，在 $P(c_i \mid t)$ 表示的 t 对于 c_i 中 MM 值最低，因此出现分类结果不均衡性。

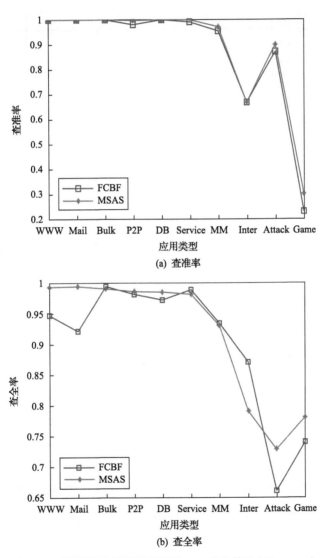

(a) 查准率

(b) 查全率

图 2.4　不同属性选择算法下采用 C4.5 分类算法（Moore_set）

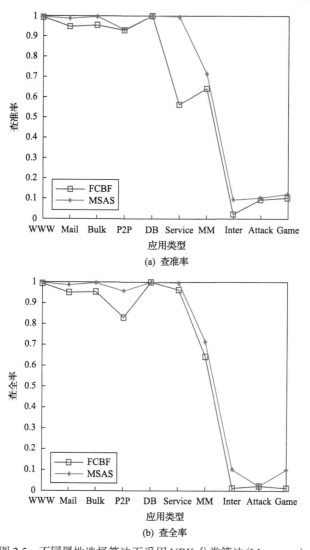

(a) 查准率

(b) 查全率

图 2.5 不同属性选择算法下采用 NBK 分类算法(Moore_set)

属性选择算法对总体正确率的影响情况如表 2.6 和表 2.7 所示。

表 2.6 属性选择算法对总体正确率影响情况(Noc_set) (单位:%)

属性选择算法	总体正确率	
	C4.5	NBK
FCBF 算法	94.3552	87.4951
MSAS 算法	97.7264	92.5323

表 2.7　属性选择算法对总体正确率的影响情况（**Moore_set**）（单位：%）

属性选择算法	总体正确率	
	C4.5	NBK
FCBF 算法	92.23	86.56
MSAS 算法	95.64	91.12

　　表 2.6 和表 2.7 中，采用两种属性选择算法对数据进行约简和优化，分别选择 C4.5 分类算法和 NBK 分类算法进行流量分类。由分类结果可以看出，采用 C4.5 分类算法和 MSAS 算法的总体识别效果最好，识别率最高，而采用 NBK 分类算法和 FCBF 算法进行属性选择的效果最差，主要原因是采用 FCBF 算法对 Noc_set 的 16 种测度中选择出编号为 9、12、14 三个测度（表 2.8），对 Moore_set 的 248 种测度中选择出编号为 1、59、96、79、143、167、101、40 八个测度（表 2.9），而采用 MSAS 算法对 Noc_set 和 Moore_set 选择出的测度编号分别为 3、12、15、16 和 20、31、34、98、200、212，详细的最佳特征集信息如表 2.10 和表 2.11 所示。在两个数据集中这几个被选择的测度和 C4.5 分类算法中采用固有的选择策略在选择方式上存在冲突和矛盾，导致分类结果更差。而 MSAS 算法克服了 FCBF 属性选择算法容易受分类算法影响的问题，加之分类器之间相互独立性更强，因而分类结果的正确率得到有效提升。

表 2.8　FCBF 选取的最佳特征集（Noc_set）

编号	测度	测度描述	SU
9	低位端口	NetFlow 直接得到	0.7112518
12	每秒字节数	字节数/持续时间	0.2498672
14	双向报文数比	流中双向报文数的比	0.1655624

表 2.9　FCBF 选取的最佳特征集（Moore_set）

编号	测度	测度描述	SU
1	Server Port	服务器端口	0.892785
59	pushed_data_pkts_a b	TCP 首部中带有 PUSH 的所有包数（客户端-服务器）	0.4604057
96	initial-window-bytes_b a	送到初始窗口的总字节数（服务器-客户端）	0.4475118
79	mss_requested_a b	最大的数据分段（客户端-服务器）	0.3458117
143	max-#-retrans_a b	最大的重传数（客户端-服务器）	0.1907645

续表

编号	测度	测度描述	SU
188	min-data-control_b a	最小控制字节数(服务器-客户端)	0.0280838
101	missed-data_a b	根据不同的 TTL 长度计算的流失数据(客户端-服务器)	0.0227511
40	dsack_pkts_sent_b a	带有 sack 选项的失序报文重复发送的总数(服务器-客户端)	0.0141101

表 2.10　MSAS 选取的最佳特征集(Noc_set)

编号	测度	测度描述	NIGECE
3	平均报文长度	双向字节数/双向报文数	0.9813
12	每秒字节数	字节数/持续时间	0.9667
15	双向字节数比	流中双向字节数的比	1.0000
16	双向报文长度比	流中双向报文长度的比	0.9881

表 2.11　MSAS 选取的最佳特征集(Moore_set)

编号	测度	测度描述	NIGECE
20	mean_data_ip	IP 报文的平均字节数	0.9634
31	total_packets_a b	从客户端到服务器间的报文数	1.0000
34	ack_pkts_sent_b a	ACK 报文的总数(服务器-客户端)	0.8934
96	initial-window-bytes_b a	送到初始窗口的总字节数(服务器-客户端)	0.9012
200	max-IAT_a b	从客户端到服务器最大报文到达间隔时间	0.8786
212	Duration	连接持续时间	0.8875

　　综上可得，本章采用基于流记录的数据采集方式，并引入了 MSAS 算法进行属性选择，以 C4.5 分类算法和 NBK 分类算法为识别算法对流记录进行分类识别，识别结果表明，采用 MSAS 算法无论是在查准率还是在查全率上都比使用 FCBF 算法更高，从总体正确率方面也进一步得到了验证。从结果上看，采用基于流记录进行流量识别，虽然相关的属性很少，但是识别结果可以达到和采用全报文的数据集几乎相同的分类结果。因此，MSAS 算法为在线流量分类提供了一种相对较优的解决方案。此外，在 NetFlow 流记录现有的字段中加入上述少量的测度属性，构建新的测度属性集合，可以达到很好的分类效果，而且能够提高在线分类效率。

2.6　本　章　小　结

流量识别是网络流量规划和管理的核心问题之一，本章在江苏省网边界以及本地分别获取数据，利用 L7-filter 软件对这些数据进行标注，得到基准数据集。本章提出了 MSAS 算法对多维属性进行降维处理，并与常用的 FCBF 算法进行了对比，结果表明本章所提出的多选属性选择算法在流量识别中可以获得更优的分类结果。

参　考　文　献

[1] CAIDA. CoralReef software suite[EB/OL]. http://www.caida.org/tools/measurement/coralreef/ [2019-11-12].

[2] Levandoski J, Sommer E, Strait M. L7-filter. Application layer packet classifier for Linux[EB/ OL]. http://l7-filter.sourceforge.net/[2009-01-07].

[3] Karagiannis T, Papagiannaki K, Faloutsos M. BLINC: Multilevel traffic classification in the dark[C]. Proceedings of the Conference on Applications, Technologies, Architectures, and Protocols for Computer Communications, Philadelphia, 2005: 229-240.

[4] Roughan M, Sen S, Spatscheck O, et al. Class-of-service mapping for QoS: A statistical signature-based approach to IP traffic classification[C]. Proceedings of the 4th ACM SIGCOMM Conference on Internet Measurement, Taormina, 2004: 135-148.

[5] Moore A W, Zuev D. Internet traffic classification using Bayesian analysis techniques[C]. Proceedings of the ACM SIGMETRICS International Conference on Measurement and Modeling of Computer Systems, Banff, 2005: 50-60.

[6] 李君, 张顺颐, 王浩云, 等. 基于贝叶斯网络的 Peer to Peer 识别算法[J]. 应用科学学报, 2009, 27(2): 124-130.

[7] 徐鹏, 刘琼, 林森. 基于支持向量机的 Internet 流量分类研究[J]. 计算机研究与发展, 2009, 46(3): 407-414.

[8] Li Z, Yuan R, Guan X. Accurate classification of the internet traffic based on the SVM method[C]. IEEE International Conference on Communications, Glasgow, 2007: 1373-1378.

[9] Ma Y, Qian Z, Shou G, et al. Study on preliminary performance of algorithms for network traffic identification[C]. International Conference on Computer Science and Software Engineering, Wuhan, 2008: 629-633.

[10] Alshammari R, Zincir-Heywood A N. Investigating two different APP roaches for

encrypted traffic classification[C]. 6th Annual Conference on Privacy, Security and Trust, Fredericton, 2008: 156-166.

[11] Hirvonen M, Laulajainen J P. Two-phased network traffic classification method for quality of service management[C]. IEEE 13th International Symposium on Consumer Electronics, Kyoto, 2009: 962-966.

[12] Teufl P, Payer U, Amling M, et al. Infect-network traffic classification[C]. 7th International Conference on Networking, Cancun, 2008: 439-444.

[13] Kiziloren T, Germen E. Network traffic classification with self-organizing maps[C]. 22nd International Symposium on Computer and Information Sciences, Ankara, 2007: 1-5.

[14] Moore A W, Papagiannaki K. Toward the accurate identification of network applications[C]. International Workshop on Passive and Active Network Measurement, Berlin, 2005: 41-54.

[15] Lim Y, Kim H, Jeong J, et al. Internet traffic classification demystified: On the sources of the discriminative power[C]. Proceedings of the 6th International Conference, Philadelphia, 2010: 1-12.

[16] Iliofotou M, Kim H, Faloutsos M, et al. Graph-based P2P traffic classification at the internet backbone[C]. IEEE INFOCOM Workshops, Rio de Janeiro, 2009: 1-6.

[17] Valenti S, Rossi D, Meo M, et al. Accurate, fine-grained classification of P2P-TV applications by simply counting packets[C]. International Workshop on Traffic Monitoring and Analysis, Berlin, 2009: 84-92.

[18] Xu K, Zhang Z L, Bhattacharyya S. Profiling internet backbone traffic: Behavior models and applications[J]. ACM SIGCOMM Computer Communication Review, 2005, 35(4): 169-180.

[19] Karagiannis T, Broido A, Faloutsos M, et al. Transport layer identification of P2P traffic[C]. Proceedings of the 4th ACM SIGCOMM Conference on Internet Measurement, Seattle, 2004: 121-134.

[20] Sen S, Spatscheck O, Wang D. Accurate, scalable in-network identification of P2P traffic using application signatures[C]. Proceedings of the 13th International Conference on World Wide Web, New York, 2004: 512-521.

[21] Li W, Canini M, Moore A W, et al. Efficient application identification and the temporal and spatial stability of classification schema[J]. Computer Networks, 2009, 53(6): 790-809.

[22] Moore A, Zuev D, Crogan M. Discriminators for use in flow-based classification[R]. London: Intel Research, 2005.

[23] Press W H, Teukolsky S A, Vetterling W T, et al. Numerical Recipes in C[M]. London:

Cambridge University Press, 1988.

[24] Zhang H, Lu G, Qassrawi M T, et al. Feature selection for optimizing traffic classification[J]. Computer Communications, 2012, 35 (12): 1457-1471.

[25] Hall M A. Correlation-based feature selection for discrete and numeric class machine learning[C]. Proceedings of the 17th International Conference on Machine Learning, San Francisco, 2000: 359-366.

[26] Hall M A. Correlation-based feature selection for machine learning[D]. Waikato: The University of Waikato, 1999.

[27] Mitra P, Murthy C A, Pal S K. Unsupervised feature selection using feature similarity[J]. IEEE Transactions on Pattern Analysis and Machine Intelligence, 2002, 24 (3): 301-312.

[28] Yuan J, Li Z, Yuan R. Information entropy based clustering method for unsupervised internet traffic classification[C]. IEEE International Conference on Communications, Beijing, 2008: 1588-1592.

[29] Bell D A, Wang H. A formalism for relevance and its application in feature subset selection[J]. Machine Learning, 2000, 41 (2): 175-195.

[30] Yu L, Liu H. Efficient feature selection via analysis of relevance and redundancy[J]. Journal of Machine Learning Research, 2004, 5 (2): 1205-1224.

[31] Qu G, Hariri S, Yousif M. A new dependency and correlation analysis for features[J]. IEEE Transactions on Knowledge and Data Engineering, 2005, 17 (9): 1199-1207.

[32] Ganchev T, Zervas P, Fakotakis N, et al. Benchmarking feature selection techniques on the speaker verification task[C]. 5th International Symposium on Communication Systems, Networks and Digital Signal Processing, Patras, 2006: 314-318.

第3章　非对称路由对流量识别算法的影响

3.1　引　　言

流量识别对网络管理及检测入侵和恶意攻击的应用程序具有重要的作用，同样它也是提供网络流量计费并确保服务质量的基础。近几年，它已经成为网络科技领域最有意义的一个研究主题。目前，网络流量识别算法发展为五类：基于端口号的流量识别算法、基于 DPI 的流量识别算法、基于网络流量特性的流量识别算法、基于主机行为的流量识别算法[1]以及基于机器学习的流量识别算法。

基于机器学习的流量识别算法又可分为有监督和无监督两种，这些都是比较经典的识别算法。除此之外，也有基于特定 QoS 要求的应用识别[2]。互联网上许多给定的共享链路上的流量视为近似对称，这意味着一个双向流将拥有相同的物理链路。许多软件开发商和研究人员甚至将该观点应用在其所开发的网络流量分类工具中[3,4]。事实上，除了在网络边缘，互联网流量往往存在不对称路由现象[5]，这将削弱工具和模型的准确率。这种不对称的一个重要原因来源于热土豆路由[6]，在配置网络时，遇到这样的网络应尽可能地停止操作，以最大限度地减少资源消耗并降低基础设施代价。目前，一般常见商用协议为自由设置对等协议，热土豆路由意味着报文接收端将承担接收报文更高的代价成本。基本假设为：如果双方网络自由设置对等协议，将获得双赢，双方将履行用户的协议共享资源。另一个原因是链路冗余或网络中存在替代路径。路由决定了每一个报文的路径，负载平衡算法可能会导致数据包通过不同的路径发往同一个网络端点。其他网络路由协议，如基于策略的最短路径优先(shortest path first, SPF)，还可能引起内部路由不对称。研究非对称路由，发现它对流量识别有一定的影响，为此本章提出自适应算法(AA)来改善流量识别结果。实验结果表明，与其他算法相比，AA 具有更高的流量识别正确率。

本章的组织结构如下：3.2 节介绍网络流量识别算法相关问题；3.3 节介绍非对称路由；3.4 节提出 AA 和评价标准；3.5 节通过实验对所提出的识别算法进行性能评价和结果分析，并讨论 ε 对流量识别产生的影响；3.6 节总结本章内容。

3.2　网络流量识别算法相关问题

网络流量识别问题日益突出，这是以下两方面因素相互竞争的结果：一方面，一些应用程序为了尽可能多地使用网络资源，不希望被网络管理系统所检测（如 P2P 应用）；另一方面，网络运营商和研究人员希望通过观察网络流量特征来更好地管理和研究互联网资源，互联网服务供应商也可以根据互联网用户网络应用的消费情况，对网络资源进行定价和收费。

通过流量识别，可以根据 QoS 需求对网络进行管理，对入侵进行检测及对流量进行监控、计费和管理。从基于端口号的算法研究开始，通过使用因特网编号分配机构（Internet Assigned Numbers Authority, IANA）提供的固定端口号来标记和识别流量类型，或者对一些特定的协议类型进行流量识别（如 P2P 流量），主要采用深度报文检测算法实现，然而此类算法不能对一些具有加密信息的流量进行识别且不能对新网络流量进行检测和识别。近年来，随着新的网络服务和应用的出现，基于机器学习的算法已广泛应用于流量识别领域，研究内容大致分为三个方向：一是属性特征选择算法[7,8]；二是流量识别算法[1,2,9]；三是不同类型的数据集，例如，所有报文可以转化为抽样 NetFlow[10-15]。关于流量识别领域相关工作可以参考机器学习关于流量识别技术的综述文章[16]，其中包含现在较为流行的分类算法[13]、链路内网络流量识别算法[17]及互联网中流量识别算法[18]。文献[19]提出了互联网领域重要而有建设性的流量识别算法，并重点分析了目前流量识别存在的问题，给出了一些建议。虽然上述文献已经对网络流量识别算法进行了一定研究，但其仍存在一些问题需要解决。所有以前在流量识别研究中存在的网络数据样本不足，非公开数据集或使用无意义的属性测度作为行为特征进行性能评估等问题，都使得研究内容和研究成果不能很好地与以往的识别算法进行比较[17]。此外，基于流的流量识别受到多种因素的影响，如报文大小、报文方向和间隔时间等。因此，本章重点介绍所提出的 AA，并分析不同的属性特征集（双向流特征或单向流特征）对流量识别造成的不同影响。

3.3　非对称路由

假定一对主机 A 和 B，从主机 A 到主机 B（正方向）的路径和从主机 B

到主机 A(反方向)的路径不同，则称主机 A 和主机 B 之间的路径是路由不对称的。在核心骨干网络中存在非对称路由是普遍现象[20,21]，这种不对称常出现在路由器级路径的网络中。事实上，网络中的报文交换从起点到终点，一个方向和另一个相反的方向之间所遵循的路径是不同的。研究报告表明，非对称路由存在的位置可能比人们期望的位置更接近互联网边缘。例如，文献[22]中分析并提出了该现象即使在直接服务于校园的网络中也是相当普遍的。

定义 3.1   流测度：它是由一系列网络流量特征所组成(如流长、流持续时间等)的，这些特征与网络流应用类型具有高度的相关性。因此，在基于机器学习的流量识别算法中常被作为流测度。本章引入两种流测度类型：一种是单向流测度；另一种是双向流测度。

1. 单向流测度

单向流(unidirectional flow, Uniflow)：网络通信本质上是双向的，在网络上单向流的流量模式意味着在一个方向上的流量返回的路径是不同的。网络中的单向流最有可能是由网络的不正确配置导致的，使得结果出现偏差，影响网络流量识别的总体正确率。通过设计单向流的流量模式，能以最小的路由代价到达网络路由的目的地。单向流分类器是由单向流测度作为训练集训练所构建的分类器。其中，单向流测度属性集合如表 3.1 所示。

表 3.1   单向流测度属性集合

编号	测度	测度描述
1	平均报文长度	双向字节数/双向报文数
2	流持续时间	流结束时间–流开始时间
3	tos	NetFlow 中双向 tos 或操作
4	tcpflags	某一方向流的 tcpflags
5	传输协议	NetFlow 直接得到
6	低位端口	NetFlow 直接得到
7	高位端口	NetFlow 直接得到
8	每秒报文数	报文数/持续时间
9	每秒字节数	字节数/持续时间
10	平均报文到达时间	持续时间/报文数

2. 双向流测度

双向流(bidirectional flow, Biflow)：双向流由两个端点之间往返发送的数据包组成，被定义在 IPFIX 协议文档[RFC5101]中。一个双向流是由以下定义的两个单向流所组成的：

(1)每个单向流的每一个无方向键字段(单向流)可以有唯一值与其对应。

(2)每个单向流的每一个有方向键字段(反方向)(单向流)可以有唯一值与其对应。

双向流分类器(Biclassifier)是使用双向流测度作为训练集的分类器。双向流测度属性集合如表 3.2 所示。

表 3.2　双向流测度属性集合

编号	测度	测度描述
1	双向报文数	前向和后向的报文数之和
2	双向字节数	前向和后向的字节数之和
3	平均报文长度	双向字节数/双向报文数
4	流持续时间	流结束时间–流开始时间
5	tos	NetFlow 中双向 tos 或操作
6	tcpflags1*	某一方向流的 tcpflags
7	tcpflags2*	另一方向流的 tcpflags
8	传输协议*	NetFlow 直接得到
9	低位端口*	NetFlow 直接得到
10	高位端口*	NetFlow 直接得到
11	每秒报文数	报文数/持续时间
12	每秒字节数	字节数/持续时间
13	平均报文到达时间	持续时间/报文数
14	双向报文数比	流中双向报文数的比
15	双向字节数比	流中双向字节数的比
16	双向报文长度比	流中双向报文长度的比

注：表中共列出了 16 个测度，其中有 5 个测度(带*)可以在 NetFlow 中直接得到，为固有测度；其余的测度需要进行相应的计算，为扩展测度。

3.4　自适应算法

为适应不同网络环境下的流量识别，本节介绍一种可以自动调节流量测度集合的算法，即自适应算法。该算法的核心思想是：不同的网络流量环境下可以选择不同的流量测度作为训练集，来构建不同的流量分类器（单向流分类器或双向流分类器）。

假设有 n 个流量样本，每个样本都有 p 个特性，则构建 $n \times p$ 的流量矩阵 A：

$$A = \begin{bmatrix} x_{11} & x_{12} & ... & x_{1p} \\ \vdots & \vdots & & \vdots \\ x_{n1} & x_{n2} & ... & x_{np} \end{bmatrix} \tag{3.1}$$

假设样本数 n 可以增加到任意规模，从理论上来说，当样本数增加时，样本将得到更多的训练，这将增强分类器的判别能力。然而，由实际使用机器学习算法的经验可知，事实并非总是如此。许多机器学习算法可以被看作具有一组（偏）概率估计与类标签功能的算法，所处理的数据一般都符合复杂和高维分布的特点。由于网络流量不断变化，所以其行为特征呈现的状态也不相同。通过分析一定时间范围内流量行为的变化，能探索不同应用类型的流量特征，并可将其作为不同应用识别的一项重要依据。目前，网络中也会存在一些特殊的现象（如非对称路由），这将导致其流量的行为特征发生一定变化，而这种特征行为的变化将给现有的流量识别带来一定的影响。本章提出的自适应算法可以解决由非对称路由所造成的影响。为了更好地对该算法进行解释，下面引入一些新的概念。

首先对阈值 H 进行介绍：

$$H = \frac{\text{Bidirection\_flow\_number}}{\text{total\_flow\_number}} \tag{3.2}$$

式中，阈值 H 为双向流数与总流数的比值，通过该阈值来动态选取单向流测度或双向流测度。

定义 3.2　最优阈值：用来评估流量识别正确率的最小阈值。当流量识别正确率最大时，H 的最优阈值被记作 ε。根据不同的 H 值，选择合适的流量测度，以获得最佳的流量识别结果，其中 H 是随机变量。当 $H<\varepsilon$ 时，它会选择单向流测度，生成单向流分类器；反之，它将选择双向流测度，并生成双向流分类器。

算法 3.1 呈现出两种流测度类型。

算法 3.1　自适应算法

---

1. //输入参数 $[\text{flow}_1, \cdots, \text{flow}_n]$ 为 n 个应用流记录

2. $A=0$

3. **for** each　$\text{flow}_i \in [\text{flow}_1, \cdots, \text{flow}_n]$ **do**

4. 　　**if** $(H<\varepsilon)$ **then**

5. 　　　　选择单向流测度

6. 　　**else**

7. 　　**if** $(H>\varepsilon)$ **then**

8. 　　　　选择双向流测度

9. 　　　　返回网络

10. 　　**else**

11. 　　**end if**

12. **end for**

图 3.1 给出了自适应算法流量识别过程。该过程主要采用自适应算法动态选取两种数据集分别用于训练和测试，相对应的流量识别过程如图 3.2 所示。

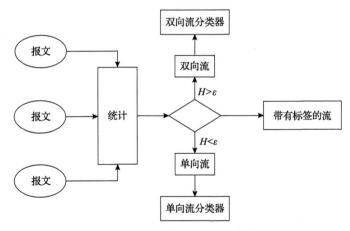

图 3.1　自适应算法流量识别过程

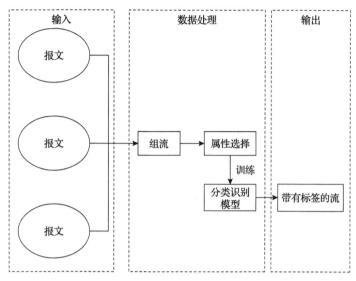

图 3.2　基于机器学习算法的流量识别过程

（1）流量采集（输入）。从网络中采集网络数据。

（2）流量属性选择和训练数据，构建分类识别模型（数据处理）。通过属性选择算法优化选择已知的流量属性特征，并通过训练数据建立流分类模型。本章只采用两种测度集（单向流测度和双向流测度），未采用额外的特征选择算法。

（3）通过机器学习算法识别网络流量（输出）。利用机器学习算法对网络流量的数据进行识别、分类，并产生带有标签的网络流量。

本章使用常规评价标准（查准率、查全率和总体正确率）对所提出的识别算法进行性能评估和有效性验证，其公式如式（2.12）～式（2.14）所示。

3.5　实　　验

3.5.1　数据集

1. Noc_set 数据集

为了验证所提出算法的有效性，并对其影响因素进行相应分析，这里采用如表 3.3 所示的 Noc_set 数据集。该数据集的采集点位于东南大学的 CERNET 江苏省网边界的 10Gbit/s 骨干通道上。采用 DPI 算法标记网络流量，产生新的 Noc_set 数据集，并使用基于 L7-filter 开发[23]的 L7-filter-modify 软件来标记该流量，最后生成 Noc_set 数据集。

表 3.3　Noc_set 数据集

编号	应用类型	具体应用	流数	比例/%
1	WWW	HTTP	4943	64.59
2	Bulk	FTP	39	0.51
3	Mail	IMAP, POP3, SMTP	91	1.19
4	P2P	BitTorrent, eDonkey, Gnutella, XunLei	1414	18.48
5	Service	DNS, NTP	433	5.66
6	Inter	SSH, CVS, pcAnywhere	6	0.08
7	MM	RTSP, REAL	20	0.26
8	Voice	SIP, SKYPE	276	3.61
9	Others	Game, Attack	431	5.63

2. Lbnl_set 数据集

Lbnl_set 数据集来自几个不同的周期，随机从劳伦斯伯克利国家实验室[24]的两个中心路由器获取的网络流量数据。这些流量数据由耗时超过数百小时的几千台主机所产生的网络数据构成。尽管网络流量完全公开，但由于其匿名性，无法通过 DPI 方式对每个网络流量进行标记。为此，本节根据 TCP 目的地端口号构建各流记录并进行标记，同样，文献[25]也采用该算法进行处理。本章所使用的流量采集于 2005 年 1 月 6 日和 1 月 7 日，以获得训练集和优化测试集。采用最频繁使用的端口号的数据构建数据集作为训练样本。Lbnl_set 数据集如表 3.4 所示。

表 3.4　Lbnl_set 数据集

编号	端口号	流数	比例/%
1	80	15000	47.69
2	110	1400	4.45
3	25	1350	4.29
4	139	3300	10.49
5	993	400	1.27
6	443	10000	31.80

3. Caida_set 数据集

Caida_set 数据集[26]可从互联网数据分析合作协会(Cooperative Association

for Internet Data Analysis, CAIDA)机构网站直接获取,该数据集总共经历了 3h 的网络数据采集过程,主要采集点位于美国埃姆斯市(Ames)互联网交换中 心 OC48 链路,采集时间为 2011 年 3 月 24 日,使用第一个时段的网络流量(对 应时间 16:15~17:00 UTC)作为训练数据,优化设置第三个时段(18:00~18:10 UTC)作为评估集。这些数据都已进行了匿名处理,因此端口号可以用作每个 协议的标签,并能用于训练、优化和评价的数据集,具体的数据集如表 3.5 所示。

表 3.5　Caida_set 数据集

编号	端口号	流数	比例/%	报文比例/%	字节比例/%
1	80	328091	84.69	81.74	81.58
2	110	11539	0.6	0.24	0.25
3	21	28567	3.32	0.03	0.09
4	25	2648	4.57	2.47	2.72
5	4662	2099	0.79	1.34	1.35

3.5.2　非对称路由对流量识别的影响

实验采用 Noc_set 数据集(包括 NJUCernet 和 JSUCernet)和 Caida-set 数 据集(包括 Caida-Chicago 和 Caida-SanJose)作为实验数据,使用 MATLAB 工 具和 WEKA 工具及其相应的算法来识别网络流量[27]。将 Noc_set 数据集分成 两部分,分别为 20%和 80%的测试数据,采用本章所提出的 AA 与双向流分 类器(Biclassifier)和单向流分类器(Uniclassifier)进行比较,研究流量识别分布 情况,并采用模拟实验的方式评估和分析 AA 的有效性。为了更好地分析不 对称路由现象,首先应该删除任何不对称的流量,因为用户数据报协议(user datagram protocol, UDP)和因特网控制报文协议(internet control message protocol, ICMP)不总是得到所期待的回复,如果在不同程度上出现这种现象, 将误导其在网络上的对称性。另外,对于 TCP 背景辐射,如网络扫描和探测, 虽然其占比通常较低,但也可以构成部分在某链接上的非对称流量。

本节采用基于流的对称性估计(flow symmetry estimation, FSE)[28]来评估非 对称路由对流量的影响程度,另外,FSE 还是一种估计被动测量数据流量的 路由对称水平的简单算法。为了更细粒度分析不对称路由现象,实验从流和 字节两个方面出发,通过对 FSE 进行分析来揭示不同数据集下不对称路由现

象的显著程度。从图 3.3 中可以看到，不同的流量有不同 FSE 且 Caida_set 流
量的 FSE 较小，这表明 Caida_set 流量的不对称路由现象比 Noc_set 流量更加
明显。表 3.6 给出了三种流量识别算法的总体正确率，从中可以看出，AA 的
流量识别总体正确率优于 Biclassifier 和 Uniclassifier。

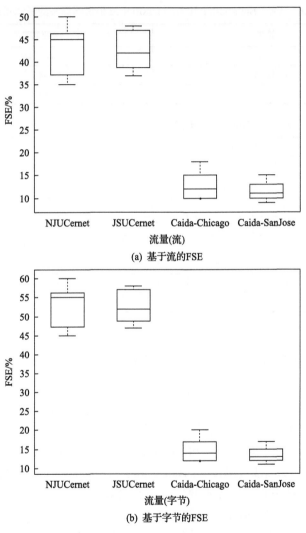

(a) 基于流的FSE

(b) 基于字节的FSE

图 3.3　基于流和字节的 FSE 比较

采用 AA 对 Noc_set 进行分类，选择参数 $\varepsilon=0.5$。网络数据被分为 9 类，
即 WWW、Mail、Bulk、Service、P2P、Inter、Voice、MM 和 Others。本节通

过构建双向流 Noc_set 数据集进行实验，识别性能如表 3.6 和表 3.7 所示，可以看出，AA 与 Biclassifier 和 Uniclassifier 相比取得了较好的实验结果，而且 P2P 的查准率和查全率也得到了显著提升。其原因是 P2P 和 Voice 类型的应用占总应用的比例相对较小，由样本不平衡所导致的影响结果减到最小。

表 3.6　AA、Biclassifier 和 Uniclassifier 三种识别算法的总体正确率

算法	总体正确率/%
AA	99.6742
Biclassifier	88.2
Uniclassifier	89.2

表 3.7　Noc_set 数据集的识别性能（查准率和查全率）　　　（单位/%）

应用类型	Biclassifier		Uniclassifier		AA	
	查准率	查全率	查准率	查全率	查准率	查全率
WWW	98	100	99	100	98.5	99.2
P2P	58	76	75	88	93.7	94.1
Mail	83	91.3	90	99	100	100
Service	58.9	100	70	99	90	90.4
Inter	84.5	100	87	100	80	100
MM	100	75	90	80	60	100
Voice	35	50	45	55	37	50
Others	44	46	48	77	45	60

3.5.3　Noc_set 数据集的流量识别结果比较

Noc_set 数据集如表 3.3 所示，该数据集是实际测得的 IP 流量[29]，而流量中约 40% 为双向流。对于流量识别，双向流能提供更多的信息。如果使用双向流分类器进行流量识别，能获得更好的识别结果。

本节将 AA 与 Biclassifier 和 Uniclassifier 算法进行比较，流量识别结果如表 3.7 所示。实验结果表明，与 Biclassifier 和 Uniclassifier 算法相比，AA 的性能更好。但从 Inter 和 MM 两种应用类型来看，AA 的查准率比其他算法低。从 Inter 类型到 Service 类型，Biclassifier 和 Uniclassifier 算法的查准率降低，而 AA 的查准率增加，这是因为 Biclassifier 和 Uniclassifier 算法很容易被训练样本的数目所影响，而 AA 则不易受训练样本数据集的影响。结合表 3.6 来说，在 AA、Biclassifier 和 Uniclassifier 三种识别算法中，AA 的流量识别总体正确率最高。

3.5.4　Caida_set 数据集的流量识别结果比较

本节采用 Caida_set 数据作为实验数据集(表 3.8)，该数据集是通过两个实际核心链路测得的 IP 流量[26]。这两个核心链路是美国互联网服务提供商管理的 OC192 Tier1 骨干网络的一部分，其中一个链路连接芝加哥和西雅图，对芝加哥的 Equinix 数据中心进行监控和管理;另一个链路连接圣何塞和洛杉矶，位于圣何塞数据监控中心。上述两个链路中，TCP 流量约占 50%，平均报文占 85%，字节占 93%;UDP 流量约占 45%，平均报文占 13%，字节占 6%。此外，本节还采用基于端口号的流量识别算法标记流量并产生 Caida_set 数据集。Caida_set 数据集主要由单向流测度属性组成，但也存在约 10%的双向流测度属性。双向流测度属性能提供更多的信息，如果使用双向流分类器对流量进行分类，识别结果将得到进一步提升。本节比较了 Biclassifier、Uniclassifier 及 AA 三种算法的流量识别结果，如表 3.8 所示。

表 3.8　Caida_set 数据集的识别性能(查准率和查全率)　　(单位/%)

端口号	Biclassifier		Uniclassifier		AA	
	查准率	查全率	查准率	查全率	查准率	查全率
80	92	98	98	97	96.5	98.2
110	63	97	83	99	95.7	92.2
21	82	88.3	92	98	99	99
25	60.8	99	72	98	92	92.4
4662	82.4	99	89	98	82.9	99.2
总体正确率	65.72		94.1342		95.8921	

在表 3.8 中，与 Biclassifier 和 Uniclassifier 算法相比，AA 可以实现更高的识别正确率。据流量识别结果分析，Caida_set 数据集同样存在不平衡样本现象。Biclassifier 和 Uniclassifier 算法很容易受到训练样本数目的影响，而 AA 则相反。此外，在三种识别算法中，AA 的流量识别总体正确率最高。

3.5.5　Lbnl_set 数据集的流量识别结果比较

通过劳伦斯伯克利国家实验室获得 Lbnl-set 数据集，构建双向流测度和单向流测度，分别训练两个测度属性集合，并构建双向流分类器 Biclassifier 和单向流分类器 Uniclassifier,如式(3.2)中的 H 值,采用 AA 来选择 Uniclassifier 或 Biclassifier，实验结果如表 3.9 所示。从表中的数据可以看到，单向流分类器和双向流分类器容易受到样本不平衡的影响,而AA可以有效解决该问题,并能提高流量识别总体正确率。

表 3.9 Lbnl_set 数据集的识别性能(查准率和查全率)　　(单位/%)

端口号	Biclassifier		Uniclassifier		AA	
	查准率	查全率	查准率	查全率	查准率	查全率
80	96	98	97	93	96.5	98.2
110	78	90	85	90	92.5	83.2
25	88	82.7	89	87	97	99
139	59.8	98	78	92	93	91.6
993	86.5	99	79	99	87	99
443	88.5	99	89	99	84	99
总体准确率	68.83		93.237		95.861	

3.5.6　ε 对流量识别结果的影响

本章提出的 AA 采用自适应选择分类器(Biclassifier 或 Uniclassifier),而阈值 ε 是 AA 的重要参数。ε 直接决定分类器的选取,因此其对流量识别至关重要。在本节中,将分析 ε 对流量识别的影响。实验是基于三个数据集(Noc_set、Caida_set 和 Lbnl_set),采用带有 $\varepsilon \in [0.1,1]$ 阈值的 AA 对流量识别结果进行研究。从图 3.4 中可以看到,当 ε 从 0.1 到 1 变化时,Caida_set 和 Noc_set 的总

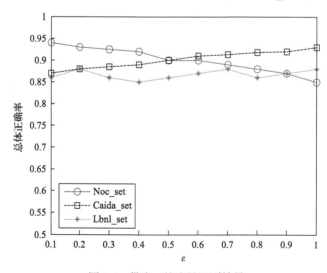

图 3.4　带有 ε 的流量识别结果

体正确率有较大变化；Caida_set 的总体正确率有增加的趋势，而 Noc_set 则相反。可能的原因是 CERNET 网络中含有较多的对称路由，不对称路由较少，而 Caida_set 数据采集点存在较多的不对称路由，因此当阈值 ε 非常小时，有更多的机会被 Biclassifier 选中。正如前面所提到的，Noc_set 数据采集点属于 CERNET 网络，它含有较多的对称路由，将有更多的双向流测度，因此 Noc_set 呈下降趋势，当 $\varepsilon=0$ 时总体正确率最高，当 $\varepsilon=0.5$ 时 Caida_set 的总体正确率和 Noc_set 相当；Lbnl_set 没有明显的不对称路由，总体正确率变化不明显。

3.6 本 章 小 结

本章提出了 AA，在此基础上引入 Biclassifier 和 Uniclassifier，采用改进的 AA 对三组数据集进行分类。实验在江苏省网边界采集数据并形成流记录，如数据集 Noc_set，结果表明，与其他两种算法（Biclassifier 和 Uniclassifier）相比，AA 能显著提高流量识别总体正确率，进一步证明 AA 的有效性。此外，还分析了 ε 对流量识别总体正确率的影响，且在 $\varepsilon=0.5$ 时流量识别结果达到最优。

参 考 文 献

[1] Karagiannis T, Papagiannaki K, Faloutsos M. BLINC: Multilevel traffic classification in the dark[C]. Proceedings of the Conference on Applications, Technologies, Architectures, and Protocols for Computer Communications, Philadelphia, 2005: 229-240.

[2] Moore A W, Papagiannaki K. Toward the accurate identification of network applications[C]. International Workshop on Passive and Active Network Measurement, Berlin, 2005: 41-54.

[3] Moore A W, Zuev D. Internet traffic classification using Bayesian analysis techniques[C]. Proceedings of the ACM SIGMETRICS International Conference on Measurement and Modeling of Computer Systems, Banff, 2005: 50-60.

[4] Bernaille L, Teixeira R, Salamatian K. Early application identification[C]. Proceedings of the ACM CoNEXT Conference, Lisboa, 2006: 1-12.

[5] John W, Tafvelin S. Differences between in-and outbound internet backbone traffic[C]. TERENA Networking Conference, Maastricht, 2007: 1-14.

[6] Wikipedia. Hotpotatorouting[EB/OL].http://en.wikipedia.org/wiki/Hot-potato_routing [2020-10-03].

[7] Williams N, Zander S. Evaluating machine learning algorithms for automated network

application identification[R]. Melbourne: Swinburne University of Technology, 2006.

[8] Williams N, Zander S, Armitage G. A preliminary performance comparison of five machine learning algorithms for practical IP traffic flow classification[J]. ACM SIGCOMM Computer Communication Review, 2006, 36(5): 5-16.

[9] Li Z, Yuan R, Guan X. Accurate classification of the internet traffic based on the SVM method[C]. IEEE International Conference on Communications, Glasgow, 2007: 1373-1378.

[10] Teufl P, Payer U, Amling M, et al. Infect-network traffic classification[C]. IEEE Seventh International Conference on Networking, Cancun, 2008: 439-444.

[11] Kiziloren T, Germen E. Network traffic classification with self organizing maps[C]. 22nd International Symposium on Computer and Information Sciences, Ankara, 2007: 1-5.

[12] Lim Y, Kim H, Jeong J, et al. Internet traffic classification demystified: On the sources of the discriminative power[C]. Proceedings of the 6th International Conference, Philadelphia, 2010: 1-12.

[13] Wang Z. The applications of deep learning on traffic identification[J]. Black Hat USA, 2015, 24(11): 1-10.

[14] Erman J, Arlitt M, Mahanti A. Traffic classification using clustering algorithms[C]. Proceedings of the SIGCOMM Workshop on Mining Network Data, Pisa, 2006: 281-286.

[15] Carela-Espanol V, Barlet-Ros P, Solé-Pareta J. Traffic classification with sampled netflow[J]. Traffic, 2009, 33: 34-34.

[16] Nguyen T T T, Armitage G. A survey of techniques for internet traffic classification using machine learning[J]. IEEE Communications Surveys & Tutorials, 2008, 10(4): 56-76.

[17] Li J, Zhang S Y, Lu Y Q, et al. Internet traffic classification using machine learning[C]. Second International Conference on Communications and Networking, Shanghai, 2007: 239-243.

[18] Kim K, Claffy M, Fomenkov D, et al. Internet traffic classification demystified: Myths, caveats, and the best practices[C]. Proceedings of the ACM Conext Conference, Madrid, 2008: 1-12.

[19] Dainotti A, Pescape A, Claffy K. Issues and future directions in traffic classification[J]. IEEE Network, 2012, 26(1):35-40.

[20] Mao Z M, Qiu L, Wang J, et al. On AS-level path inference[C]. Proceedings of the ACM SIGMETRICS International Conference on Measurement and Modeling of Computer Systems, Banff, 2005: 339-349.

[21] He Y, Faloutsos M, Krishnamurthy S. Quantifying routing asymmetry in the Internet at the

AS level[C]. IEEE Global Telecommunications Conference, Dallas, 2004: 1474-1479.

[22] John W. On Measurement and Analysis of Internet Backbone Traffic[M]. Gothenburg: Chalmers University of Technology, 2008.

[23] Levandoski J, Sommer E, Strait M, et al. Application layer packet classifier for Linux[EB/OL]. http://l7-filter.sourceforge.net[2009-01-07].

[24] ICIR. LBNL/ICSI enterprise tracing project[EB/OL]. http://www.icir.org/enterprise-tracing/[2013-07-13].

[25] Karagiannis T, Broido A, Faloutsos M, et al. Transport layer identification of P2P traffic[C]. Proceedings of the 4th ACM SIGCOMM Conference on Internet measurement, Taormina, 2004: 121-134.

[26] CAIDA Team. The cooperative association for internet data analysis[EB/OL]. http://www.caida.org/home/[2013-05-13].

[27] Nguyen T T T, Armitage G. Training on multiple sub-flows to optimise the use of machine learning classifiers in real-world IP networks[C]. Proceedings of the 31st IEEE Conference on Local Computer Networks, Tampa, 2006: 369-376.

[28] John W, Dusi M, Claffy K C. Estimating routing symmetry on single links by passive flow measurements[C]. Proceedings of the 6th International Wireless Communications and Mobile Computing Conference, Caen, 2010: 473-478.

[29] IPTAS. IP trace distribution system[EB/OL]. http://iptas.edu.cn/src/system.php[2021-05-20].

第4章 基于SVM改进的流量识别算法

4.1 引　言

近年来，网络流量分类已成为计算机和通信领域最热门的研究课题，许多互联网服务提供商将分配相应服务类型流量的能力视为重要事项。此外，许多与安全相关的工具需要能够检测隐藏在给定 IP 流背后的应用流量（如反病毒和反蠕虫应用等）。因此，流量分类算法在网络管理和流量工程方面也起到了至关重要的作用。此外，使用统计算法对互联网流量进行分类已成为研究工作的主题。目前，大部分采用统计和行为技术对流量进行分类的算法，都能够在基于端口号或有效载荷检查机制失效的情况下继续工作。由于加密技术的使用，传统的分类算法逐渐失去其有效性。文献[1]～[3]对机器学习算法用于流量分类的可行性进行了分析研究，将统计特性属性映射到某特定的服务类型，甚至可以对应某一特定的应用。其中，部分相关技术仅凭借少数的初始报文分组即可用于流量识别。因此，这些技术常被用于高速流分类的应用场景，并且可以精准地定位到分配不同 QoS 服务的在线应用识别问题上。在机器学习算法中，虽然已有研究人员采用 SVM 进行流分类，但如何有效地使用它们并进行进一步优化以将其定位到特定的机器学习中，依然值得进一步研究。为解决上述问题，本章深入研究如何基于 SVM 流分类算法，使其在有限资源情况下依然能表现出优异的性能。本章的研究成果具体体现在以下方面：

(1)分析单分类 SVM 网络流量识别技术，针对多分类问题，设计一种集成"一对多"的 SVM 分类器。

(2)引入基于二叉树的新 SVM 算法，提出两种流量特征（双向流特征和单向流特征），研究核函数对流量分类的影响。

(3)分析基于 SVM 分类器的结果，其中所采用的数据集来自两个不同的采集点。

(4)分析报文抽样对分类算法结果的影响。

本章其余部分的结构如下：4.2 节对当前不同的互联网流量识别算法进行综述；4.3 节介绍本章 SVM 所采用的理论和算法；4.4 节和 4.5 节介绍本章所

提算法，描述两种属性特征和评价算法，并对实验结果进行分析和讨论；4.6 节给出本章内容的总结。

4.2　已有流量识别算法

近年来，一些用于流量分类(流量识别)的机器学习算法被相继提出。Moore 等[1]提出了一种基于核估计的贝叶斯学习算法用于流量分类，实验结果表明，通过简单地观察有限的流量特征行为能检测和识别应用协议的应用程序。McGregor 等[2]指出流量行为的相似性可以用于将网络流量聚类成不同的簇，以该方式能证明不同的应用层协议产生的流量能分成不同的群组，最终得出的结论是应用程序协议可以通过聚类将流量分为 Bulk 和 MM 等类型，同时实验证明了无监督机器学习算法能有效地对粗粒度的流量类型进行分类。Bernaille 等[3]提出了基于聚类技术的细粒度流量识别算法，其主要思想是将每个网络流映射到 n 维特征空间，如前 n 个报文的大小和方向等，采用启发式最小距离准则将流量进行聚类，并通过测量不同测度属性之间的距离对未知流量进行检测和分类。这些对象对相应的协议进行了统计行为描述，不仅考虑到报文的大小和方向，还考虑到报文到达时间间隔。实验结果表明，该算法仅采用少量的指纹协议就能获得较高的识别正确率。由于使用不同于传统技术的基于 SVM 的识别算法，其具有较低的算法复杂度，且不依赖到达时间间隔。从实验分析的角度来看，识别对象(协议种类)进一步增加，数据集规模进一步扩大。

SVM 的实用性已在若干领域得到充分证明，其一般用于非局部优化的模式识别中，可以通过合适的决策函数来提供最佳的统计分类。例如，Kaplantzis 等[4]用 SVM 来识别和检测拒绝服务攻击，实验结果表明，其具有较高的识别正确率。Li 等[5]提出了可以准确、有效识别具有良好扩展性互联网流量的轻量级系统，该系统能识别已知和未知的加密应用。文献[6]介绍了利用机器学习进行流量分类的算法，其贡献主要集中在几种机器学习算法上，包括朴素贝叶斯、C4.5 分类算法、贝叶斯网络和朴素贝叶斯树算法，同时还考虑了 SVM 算法，但其描述的基于 SVM 的算法似乎需要一个相对复杂的调整阶段才能取得相对较好的识别效果。Li 等[7]利用 SVM 对流量进行了分类，该技术被用来训练分类器，并采用所构建的分类器模型有效识别 7 种类型的应用。Liu 等[8]提出了一种在线的互联网流量分类技术，该技术通过设置容差参数 β 和缓存长度的方式对流量进行识别，同时将该算法与朴素贝叶斯核估计算法在 AUCKLAND Vi 和 Entry 数据集上进行比较,但没有给出选择参数 β 的方法。由实验可知,如果参数 β 被选择,这种分类技术的准确性将不能得到保证。此外,还有一些研究人员专注于 SVM 算法的改进研究,例如,Zhang 等[9]提出了一种基于计算几何理论的新 SVM 算法,称为凸包 SVM(convex hull-support vector machine, CH-SVM)算法。实验结果表明,CH-SVM 算法只需采用少量的训练数据集,就能得到很好的识别效果,但在凸计算过程中需要消耗大量的计算时间。为解决该问题,他们又使用并行计算技术将流量进行粗粒度划分,将其分为 Bulk、MM 等应用。不过,本节更多地考虑检测更细粒度的应用分类,而流量属性特征的变化将影响分类结果的准确性。为此,提出了属性选择算法以减少部分属性测度。与前面引用的相关人员的研究工作不同,它们主要考虑分类器性能,而本章所采用的算法则主要考虑报文的采集从而可以实现实时分类。

4.3 支持向量机

SVM 是一种代表性的有监督学习算法,适用于解决高维特征空间和小训练集的分类问题。虽然设计之初是为了解决二分类问题,但目前其已被广泛应用于单分类和多分类问题当中。作为有监督学习算法,SVM 主要依赖两个阶段:①训练阶段。算法通过考察描述目标数据集的训练集信息获得关于被分类对象的先验知识。②测试阶段。分类机制检查、衡量属性测度与类之间的关系,最终获取类标。训练阶段的主要目标是获得在样本中的训练集所描述应用类型之间的边界估计。该算法可以用一个非常简单的例子进行描述:将单分类问题转换为两分类问题,其中一个规则的面可以分成两个区域的向量空间,每一个面代表相应的分类类型。上述情况一旦出现,则存在一个确切的边界以便于准确无误地进行分类。然而,实际上这样的边界并不总是一定的,经常需要考虑边界的复杂性和误差率,并从中进行平衡处理[10]。另外,文献[11]对二分类 SVM 进行了扩展,提出了适用于多分类问题的 SVM 算法,但没有指出多分类算法可以用于解决所有多分类流量识别问题。目前,SVM 技术已经能够用于解决许多多分类的应用问题。

本节首先描述一个通用的二分类问题,其中训练集是由 m 个观测值构成的,每一个观测值属于两个不相交类元素中的一个。如图 4.1 所示,观测值通过特征向量 $x_i \in \mathbf{R}^n$ 和一个标签 $y_i \in (-1, +1)$ 而被标记,也即所观测值被归类。SVM 的任务是利用训练产生的模型预测 x_i 所对应的类标签 y_i。如果训练样本已知，SVM 的 $\mathbf{R}^n$ 中导出分隔的两个类的最佳超平面，并将其用于评估未知元素的类。超平面方程是 $\mathbf{w}\mathbf{x} + b = 0$，其中 $\mathbf{w}$ 是系数向量，b 是标量偏移，由式(4.1)定义：

$$\mathbf{w}\mathbf{x} = \sum_{k}^{N} (w)_k \cdot (x)_k \tag{4.1}$$

式中，$(w)_k$ 和 $(x)_k$ 为向量 $\mathbf{w}$ 和 $\mathbf{x}$ 的第 k 个标量分量；符号"·"表示内积。实质上，最优超平面参数（$\mathbf{w}$ 和 b）的值为最大化超平面与两个类的距离，称为支持向量之间的距离。

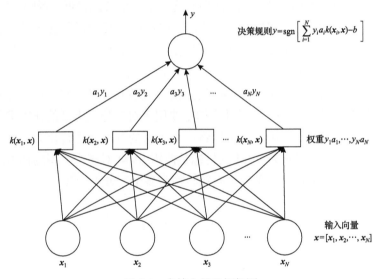

图 4.1　支持向量机框架图

为了完成非线性划分，将样本通过一个非线性映射函数 $\phi : \mathbf{R}^n \to H$ 映射到另一个空间 H。该空间 H 通常具有比原始空间更高的维度，假设该分离超平面 $\mathbf{w} \cdot \phi(\mathbf{x}) + b = 0$，即为 $\phi(\mathbf{x})$ 的线性函数，其对应于在 $\mathbf{R}^n$ 域内的非线性边界。

如果 H 中的两个函数 $\phi(\mathbf{x}_i)$ 和 $\phi(\mathbf{x}_j)$ 的内积可以表示为相应 $\mathbf{x}_i$ 和 $\mathbf{x}_j$ 的函数，其中，核函数 k 满足关系 $\mathbf{R}^n \times \mathbf{R}^n \to \mathbf{R}$，公式如下：

$$k(\mathbf{x}_i, \mathbf{x}_j) = \phi(\mathbf{x}_i) \cdot \phi(\mathbf{x}_j) \tag{4.2}$$

这里没有必要明确指出函数 ϕ[13]，本章仅以高斯核函数为例进行说明：

$$k(\boldsymbol{x}_i, \boldsymbol{x}_j) = \mathrm{e}^{\left\| \boldsymbol{x}_i - \boldsymbol{x}_j \right\|^2 / (2\sigma^2)} \tag{4.3}$$

式中，$\left\| \boldsymbol{x}_i - \boldsymbol{x}_j \right\|$ 等于 $(\boldsymbol{x}_i - \boldsymbol{x}_j)(\boldsymbol{x}_i - \boldsymbol{x}_j)$ 内积的平方根，代表两个样本 $\boldsymbol{x}_i$ 和 $\boldsymbol{x}_j$ 之间的距离。

尽管无法明确知道映射 ϕ，但是从高斯核函数的描述能推断出与 H 相关的位置信息。首先，在 H 中所有样本 $\phi(\boldsymbol{x}_i)$ 位于 H 超球的原点与半径等于 1 的区域，此外，当两个样本向量 $\boldsymbol{x}_i$ 和 $\boldsymbol{x}_j$ 接近于初始空间时，式 (4.3) 中的指数将接近 1，内积 $\phi(\boldsymbol{x}_i)\phi(\boldsymbol{x}_j) = \cos\beta \left\| \phi(\boldsymbol{x}_i) \right\| \left\| \phi(\boldsymbol{x}_j) \right\|$。其中，$\beta$ 是 $\phi(\boldsymbol{x}_i)$ 和 $\phi(\boldsymbol{x}_j)$ 之间的夹角，据此可以判定，在 H 中的这两个样本彼此接近；否则，当在 $\mathbf{R}^n$ 空间中 $\boldsymbol{x}_i$ 与 $\boldsymbol{x}_j$ 距离较远时，指数约为 0，这意味着 H 中函数 $\phi(\boldsymbol{x}_i)$ 与 $\phi(\boldsymbol{x}_j)$ 正交。在数据表示方面采用合适的高斯核函数进行展现，其中该分类信息不仅与该数据轴位置相关，也与表示同一类其他样本的距离有关。

单分类 SVM 是从多类中选取进行分类和识别的，且只有一类训练样本在识别中发挥作用。尽管 SVM 设计之初主要用于对二分类类型的样本进行分类，但是在单分类识别任务中，也可以将一个类型的分类问题转化为二分类问题进行处理。另外，多分类 SVM 的目标是使用 SVM 对多个类型的样本进行分类，其主要算法是将单个多分类问题转换为多个二分类问题。

4.4　改进的 SVM 算法

4.4.1　NSVM

基于传统 SVM，引入二叉树结构，构建决策树算法支持向量机 (decision tree method-support vector machine, DTM-SVM)，其适用于多分类问题。该算法描述如下：

假设将分类对象分为 k 个类，即 $a_1, a_2, \cdots, a_k (k > 1, k \in \mathbf{Z})$。将研究对象分成两个一级子类，即第一级子类 1$b$、2$b$，且 1$b$ 又被分成两个二级子类 11b、12b，2b 被分成两个二级子类 21b、22b。l 级子类被分成两个 l 级子类，其中，若每个类有且仅有两个子类，则该分类的终止条件是：l 层子类数的总和是 k（$l < k$）。基于上述定义进行二元决策树的构建，叶节点的数目为 k，每个叶节点对应于一个类，度数为 2 的非叶节点对应于一个子 SVM，这样的二叉树

有 $2k-1$ 个节点，子 SVM 的数目是 $k-1$。图 4.2 给出了二叉树结构的多分类问题。

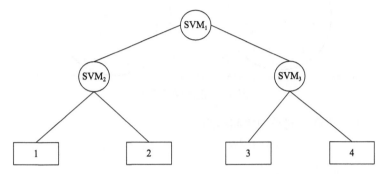

图 4.2 基于二叉树的 SVM 多分类

但是如下一些问题需要进一步得到解决。

(1)二叉树结构对多分类精度有很大的影响。不同的二叉树结构与分类问题会产生不同的分类模型，所以其性能会有所不同。

(2)许多二叉树的 SVM 是基于先验知识构建的分类器，其性能很大程度上依赖树的结构。在构建该二叉树的过程中，分类误差更接近于根节点，则其累积误差将更大，这将降低其分类和识别的精度，且基于先验知识的二叉树结构也会限制自身的泛化能力。

本节介绍一种新的支持向量机(new support vector machine, NSVM)算法，该算法是基于改进 SVM 的一对一 SVM 算法[10,11]。为定位上述问题，NSVM 算法采用构造二叉树对网络流量进行分类。普通二叉树算法首先采用聚类算法，然后进行分类。而本节采用一种新的评价聚类距离的算法，选择类最大距离作为分类识别结果，并将一些重要的参数和变量引入目标函数，如类均值向量等。

当前聚类距离表示为

$$d_i^j = \left\| \boldsymbol{m}_i - \boldsymbol{m}_j \right\|^2 - r_i - r_j \tag{4.4}$$

式中，$\boldsymbol{m}_i$ 和 $\boldsymbol{m}_j$ 分别为类 i 和类 j 的平均向量；$\left\| \boldsymbol{m}_i - \boldsymbol{m}_j \right\|^2$ 为 $\boldsymbol{m}_i$ 和 $\boldsymbol{m}_j$ 之间的距离；r_i 和 r_j 分别为类 i 和类 j 的平均半径，具体如图 4.3 所示。

NSVM 算法过程如下：

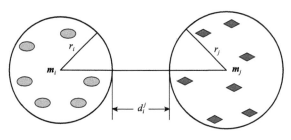

图 4.3   距离度量算法

第 1 步   计算不同类型之间的距离。

第 2 步   每个类 i 中均存在 $k-1$ 个距离值,将其按降序进行排序,得到 $d_i^1 < d_i^2 < \cdots < d_i^{k-1}$。

第 3 步   对 $d_i^1, d_i^2, \cdots, d_i^k$ 的值按照升序进行排序,若排序过程中存在两个相同的值 d_i^1 或多于两个的相同值,则将考虑 d_i^2 值;如果 $d_i^1, d_i^2, \cdots, d_i^k$ 具有相同的值,那么排序类的标签编号将按升序排序处理,最终获得一组类,如 $n_1, n_2, \cdots, n_k$。

第 4 步   根据类标签顺序,构建如图 4.2 所示的二叉树。

第 5 步   根据所生成的二叉树,SVM 通过训练最佳超平面算法构造二叉树中的每个内部节点。对前 n 个正样本、负样本,采用 SVM 训练算法构造一个二分类 SVM 子类的根节点。取前 n 个正样本和 n 个负样本进行训练产生向量机作为根节点,将 n 个正样本作为左孩子节点,从分类序列中删除这 n 个正样本,再从分类序列中选取 n 个负样本与 n 个正样本训练产生向量机作为右孩子节点,从而构建第二个节点的二分类 SVM 子类。以此类推,直到所有的二分类子类全部分类完成,基于二叉树的多类 SVM 分类模型即构建完成。NSVM 算法伪代码见算法 4.1。

算法 4.1   NSVM 算法

---

1. **for** 每一类 $i = 1, 2, \cdots, k$ **do**

2. $d_i^j \leftarrow$ 计算类 i 和 j 之间的距离,$j = 1, 2, \cdots, k-1$

3.   将 d_i^j 按照 $d_i^1 < d_i^2 < \cdots < d_i^{k-1}$ 排序

4.   将 d_i^1 按照降序排列

5. $a_1 \leftarrow d_i^1, a_2 \leftarrow d_i^2, \cdots, a_k \leftarrow d_i^k$

6.   **while** $a_1 \geq 2 \,\&\, a_2 \geq 2 \,\&\, \cdots \,\&\, a_k \geq 2$ **do**

7.   **if** $d_i^1 = d_i^2 = \cdots d_i^k$ **then**

8.　　　　将类标签 n_i 进行排序

9.　　　　生成类标签 $n_1, n_2, \cdots, n_k$

10.　　**else**

11.　　　　将 d_i 值按照升序排列

12.　　　　构造二叉树

13.　　　　**return** w

14.　　**end if**

15.　**end while**

16. **end for**

1. 测度属性

Moore 等[1]采集了 249 种网络流量，并将其属性构建成数据集，但其中多数属性之间的相关性和冗余性会导致高计算复杂度和较低识别正确率。本章定义如表 4.1 和表 4.2 所示的流量测度，本测度集是由流量属性特征与应用标签构成的，其中应用标签部分主要通过 L7-filter 软件标记识别完成。

表 4.1　双向流测度

测度	测度描述
双向报文数	前向和后向的报文数之和
双向字节数	前向和后向的字节数之和
平均报文长度	双向字节数/双向报文数
流持续时间	流结束时间–流开始时间
tos	NetFlow 中双向 tos 或操作
tcpflags1	某一方向流的 tcpflags
tcpflags2	另一方向流的 tcpflags
synflags1	某一方向流的 synflags
synflags2	另一方向流的 synflags
finflags1	某一方向流的 finflags
finflags2	另一方向流的 finflags
传输协议	NetFlow 直接得到
低位端口	NetFlow 直接得到
高位端口	NetFlow 直接得到
每秒报文数	报文数/持续时间

续表

测度	测度描述
每秒字节数	字节数/持续时间
平均报文到达时间	持续时间/报文数
双向报文数比	流中双向报文数的比
双向字节数比	流中双向字节数的比
双向报文长度比	流中双向报文长度的比

表 4.2 单向流测度

测度	测度描述
平均报文长度	双向字节数/双向报文数
流持续时间	流结束时间–流开始时间
tos	NetFlow 中双向 tos 或操作
tcpflags	某一方向流的 tcpflags
synflags1	某一方向流的 synflags
finflags1	某一方向流的 finflags
传输协议	NetFlow 直接得到
低位端口	NetFlow 直接得到
高位端口	NetFlow 直接得到
每秒报文数	报文数/持续时间
每秒字节数	字节数/持续时间
平均报文到达时间	持续时间/报文数

2. 评估衡量

本章使用查准率、查全率和总体正确率对所提出的识别算法进行性能评估和有效性验证，其公式如式(2.12)～式(2.14)所示。

4.4.2 实验结果与分析

1. 数据集

1）Noc_set 数据集

为了验证算法的有效性，采用如表 3.3 所示的 Noc_set 数据集，该数据采集点位于东南大学及江苏省网边界。使用 L7-filter-modify 软件来标记网络流，

L7-filter-modify 是基于 L7-filter 的改进版本[12]，将产生的数据集记作 Noc_set 数据集。研究发现，采集的 Noc_set 数据集中更多的是双向流，因此采用 16 个测度属性作为测度属性集合进行组流，且这些流量特征都是由双向流特征组成的。

2）Caida_set 数据集

Caida_set 数据集包含持续三个小时的匿名流量，本节采用 Caida_set 数据集来验证所提出的二叉树 SVM 分类器的性能。Caida_set 数据集被完全匿名化，不能再采用深度报文检测算法对其进行标签化处理，所以选择基于端口号的识别算法对 Caida_set 数据集中的数据进行标注。目前，不对称路由已成为核心互联网上一种很常见的现象[13]。研究表明，Caida_set 数据集存在明显的不对称路由现象[14]。若仍采用双向流作为流量特征，则对于一些较少类型的流量特征信息，流量识别结果会受到影响。因此，本章采用表 4.2 所示的 12 个属性特征的单向流构建 Caida_set 数据集，具体的数据集见表 4.3。

表 4.3　Caida_set 数据集

编号	端口号	协议	流比例/%	包比例/%	字节比例/%
1	80	HTTP	84.69	81.74	81.58
2	110	SMTP	0.6	0.24	0.25
3	21	POP3	3.32	0.03	0.09
4	25	FTP	4.57	2.47	2.72
5	4662	eDonkey	0.79	1.34	1.35
6	443	HTTPS	2.13	0.88	0.9
7	1214	KAZAA	0.79	3.36	3.28
8	53	DNS	0.01	0.001	0.001

2. 核函数的影响

为分析和研究核函数对流量分类问题的影响，这里采用线性核函数 Linear、多项式核函数 Poly、径向基核函数 RBF 和神经元的非线性作用核函数 Sigmoid 四种常用核函数和 16 种属性特征，来衡量 SVM 算法的分类正确率。采用十折交叉验证法的识别结果如表 4.4 所示。

实验结果表明，核函数的选择对于 SVM 算法非常重要，不同的核函数会产生不同的 SVM 分类器。正如表 4.4 所示，RBF 可以得到最佳的分类精度。这是因为 RBF 将样本非线性地映射到一个更高维的空间，与线性映射不同，它能够更好地处理分类标注和属性的非线性关系。另外，超参数的数量会影响模型选择的复杂度。与 RBF 相比，Poly 的参数较多，而 RBF 的参数相对较少，因此 RBF 的计算复杂度较小、效率更高。

表 4.4　十折交叉验证法的识别结果

核函数	总体正确率/%
Linear	84.6
Poly	87.5
RBF	91.19
Sigmoid	18.5

3. C 和 γ 的影响

从核函数的影响来看，RBF 是最好的选择。因此，本节将重点分析 RBF 的 C 和 γ 参数对识别算法的影响，并通过实验选择最优的 C 和 γ 值。SVM 算法输入包含参数 C，表示惩罚程度，它对实验结果有一定的影响。Noc_set 数据集被用作输入数据，首次采用网格搜索技术。当得到一个较好的识别结果时，在该区域进行更细的搜索，取得了 84.0741% 的交叉验证率，在获取最优的 C、γ 值后，整个训练集再次被训练产生最终的分类器。上述算法适用于规模较大的数据集，对于这类数据集，可以先随机选择一个数据集子集进行搜索，然后对完整的数据集进行搜索，找到一个更优的搜索区域。

图 4.4 给出了对于不同的 RBF 惩罚参数 C 和核函数参数 γ 的分类精度等高线图。该图显示，当 RBF 核函数参数 γ 取值为 1 左右时，在惩罚参数 C 的范围内的分类查准率相当稳定，因此，分别设置了 $\gamma=0.03125$ 和 $C=2^4$。

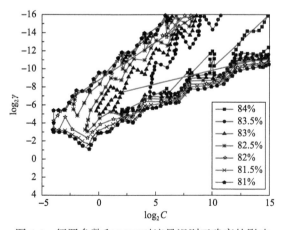

图 4.4　惩罚参数和 RBF 对流量识别正确率的影响

4. 两个数据集实验查准率和查全率

为了进一步评估 NSVM 算法的有效性, 通过实验得到如表 4.5 和表 4.6 所示的结果。结果表明, 样本的不平衡将导致占比较小样本的精度降低, 如 Inter 和 MM 等; 部分应用流量占比较大, 因此样本的识别率较高, 如 WWW、P2P。同时, 通过对 Caida_set 数据集进行分析, 发现样本不平衡会影响分类结果, 例如, HTTP 的识别正确率比域名系统(domain name system, DNS)和文件传输协议(file transfer protocol, FTP)更高[15]。

表 4.5　SVM、DTM-SVM 和 NSVM 算法在 Noc_set 数据集上的查准率和查全率(单位: %)

应用类型	SVM		DTM-SVM		NSVM	
	查准率	查全率	查准率	查全率	查准率	查全率
WWW	98.36	90.55	99.14	91.45	99.28	91.45
Bulk	97.92	99.67	97.94	99.72	98.53	99.81
Mail	96.00	94.63	96.30	95.24	99.30	98.24
P2P	98.14	97.36	97.23	97.26	97.93	97.86
Service	73.57	100.0	73.12	100.0	75.23	100.0
Inter	63.57	98.25	98.18	98.00	98.24	98.00
MM	77.05	98.37	97.82	98.43	97.96	98.61
VoIP	98.89	94.55	98.24	95.25	98.34	97.33
Others	94.61	93.72	95.88	93.55	96.56	93.87

表 4.6　SVM、DTM-SVM 和 NSVM 在 Caida_set 数据集上的查准率和查全率(单位: %)

应用类型	SVM		DTM-SVM		NSVM	
	查准率	查全率	查准率	查全率	查准率	查全率
HTTP	99.12	91.45	99.14	91.75	99.18	91.85
SMTP	97.92	99.73	97.94	99.82	97.94	99.84
POP3	97.00	97.63	99.30	98.24	99.37	98.32
FTP	96.24	97.36	95.93	97.26	96.72	97.39
eDonkey	78.57	100.0	73.12	100.0	84.12	100.0
HTTPS	98.43	98.25	98.18	98.00	98.58	98.27
KAZZA	97.05	98.37	97.82	98.43	97.93	98.54
DNS	65.89	64.55	78.24	85.25	88.24	85.25

5. 报文抽样影响

如今, 报文抽样主要使用抽样比为 1∶N 的系统抽样算法, 报文抽样不仅降低了报文数和流数,更重要的是,它可以改变流量行为和差异度分布。例如,考虑流长的分布作为测度属性,抽样前后流长的分布是不同的。

本节实验部分采用系统抽样算法处理网络流量。选择 NSVM 算法对 Noc_set 数据集和 Caida_set 数据集中的流量分类,并与 SVM、DTM-SVM 算法进行对比,结果如图 4.5 和图 4.6 所示。图 4.5(a)展示了 Noc_set 数据集下不同抽样比时流的总体正确率,可知随着抽样力度的不断加大,流的总体正确率迅速下降,当抽样比为 1:8 时,正确率达到最低,随后当抽样比为 1:16 时又

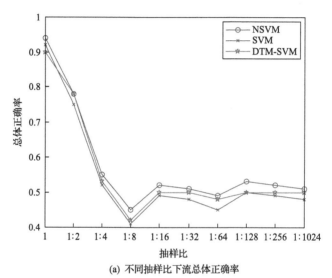

(a) 不同抽样比下流总体正确率

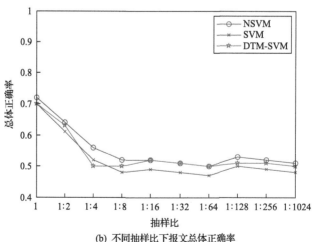

(b) 不同抽样比下报文总体正确率

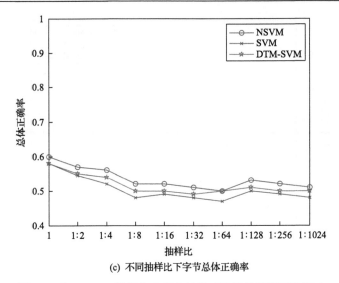

(c) 不同抽样比下字节总体正确率

图 4.5   在 Noc_set 数据集上报文抽样对流量分类识别的影响

出现小幅回升，至此正确率的变化趋于舒缓；而图 4.5(b) 和图 4.5(c) 以报文和字节为对象展示了总体正确率随抽样比的变化情况，与图 4.5(a) 中不同之处在于抽样比从 1 到 1：8 的变化过程中，报文和字节总体正确率的变化没有流的正确率变化显著。图 4.6 展示了 Caida_set 数据集下不同抽样比时流、报文和字节的总体正确率。和图 4.5 所示结果比较，其总体正确率整体上略低，但各自的总体正确率随抽样比的变化规律相似。

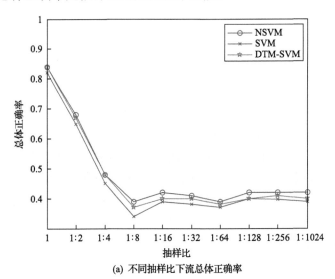

(a) 不同抽样比下流总体正确率

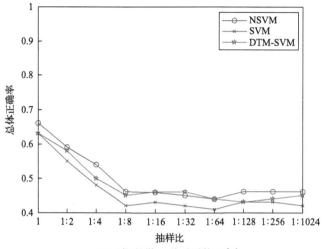

(b) 不同抽样比下报文总体正确率

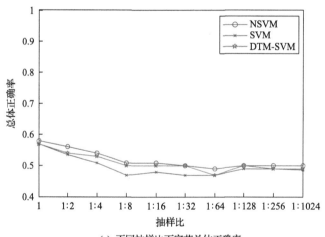

(c) 不同抽样比下字节总体正确率

图 4.6 在 Caida_set 数据集上报文抽样对流量分类识别的影响

图 4.5 和图 4.6 的实验结果表明，所提算法在大流与小流上相比，大流对于抽样具有更好的弹性，因为在抽样率一定的情况下，报文和字节的总体正确率比小流下降较慢。一方面，单报文流对流量识别的结果影响很大，当抽样力度增大时，单报文流不容易被抽到，这样将导致小流的识别正确率下降较快；另一方面，如先前所述，本章所提算法对小流的分类比大流好，小流趋向于在抽样下迅速消失。

6. 讨论

通过以上内容的分析和研究，可以看到与 DTM-SVM 及传统 SVM 算法相比，NSVM 算法能提高其分类总体正确率。虽然 SVM 算法有很多不同的内核算法，但是通过上述实验，可以说明 RBF 算法能得到更好的分类结果。考虑到网络报文抽样的重要性，不同的报文抽样率对分类识别结果的影响在本节也进行了深入分析。

4.5　基于主动学习的多分类 SVM 算法

本节介绍基于主动学习的多分类 SVM 算法，为了尽可能地减少训练集及标注成本，提出了一种主动学习（active learning, AL）算法用于优化分类模型：

$$H : \boldsymbol{a}^{\mathrm{T}}\phi(\boldsymbol{x}) + b = 0 \tag{4.5}$$

式中，$\boldsymbol{a}$ 为每个流特征权值向量；b 为偏差项；$\phi(\cdot)$ 为固定的特征空间变换。

假设 $\boldsymbol{x}$ 和 y 是已知的，SVM 算法可以通过先验数据寻找分离不同类型的超平面 H。因此，可以将其归纳为以下最优化问题：

$$
\begin{aligned}
\min_{\boldsymbol{a},b}\ & Q(\boldsymbol{a}) = \frac{1}{2}\boldsymbol{a}^{\mathrm{T}}\boldsymbol{a} + c\sum_{n=1}^{N}\varepsilon_n \\
\text{s.t.}\quad & y_n[\boldsymbol{a}^{\mathrm{T}}\phi(\boldsymbol{x}_n) + b] \geqslant 1 - \varepsilon_n
\end{aligned}
\tag{4.6}
$$

式中，c 为控制容量和错误之间的权衡系数，$c > 0$；ε_n 为第 n 个流量对象的松弛变量。

不平衡分类也是网络流量分类识别中的一个重要问题，而现有的研究仅在生物学和文本分类中讨论过二分类 SVM 的不平衡分类问题，没有讨论多分类 SVM 的不平衡分类问题。

因此，这里引入二分类 SVM 分类算法来解决不平衡问题，该算法采用 Zieba 等[16]提出的类代价敏感性，将参数 c 分为两个实值参数 c_+ 和 c_-，分别代表正、反例集，因此可以将流量识别正确率的提升转化为最优化问题，其形式化表述如下：

$$\min_{a,b} Q(a) = \frac{1}{2} a^{\mathrm{T}} a + c_+ \sum_{n \in N_+}^{N} \varepsilon_n + c_- \sum_{n \in N_-}^{N} \varepsilon_n \qquad (4.7)$$

$$\text{s.t.} \quad y_n [a^{\mathrm{T}} \phi(x_n) + b] \geqslant 1 - \varepsilon_n$$

$$\min_{a,b} Q(a) = \frac{1}{2} a^{\mathrm{T}} a + c \sum_{n=1}^{N} w_n \varepsilon_n$$

$$\text{s.t.} \quad y_n [a^{\mathrm{T}} \phi(x_n) + b] \geqslant 1 - \varepsilon_n \qquad (4.8)$$

$$\sum_{n=1}^{N} w_n = N$$

$$\min Q(a) = \frac{1}{2} a^{\mathrm{T}} a + c \sum_{n=1}^{N} w_n \varepsilon_n \qquad (4.9)$$

其中，权重满足概率分布的要求，正如 Zieba 等[16]所假设的，将二分类问题修改为多分类问题。假定 $N_1, N_2, \cdots, N_m$ 为不同类型的网络流量，其中 m 表示网络流量的类型数。不同类型的应用具有不同的权重，因为不同的应用具有不同的比例。优化问题可以进一步表示为式(4.10)、式(4.11)和式(4.12)，其中 C 和 ξ 分别为优后的权衡系数和松弛变量。

$$\begin{aligned}
\min_{a,b} Q(a) &= \frac{1}{2} a^{\mathrm{T}} a + \frac{CN^2}{2} \left(\frac{1}{N_1} \sum_{n=1}^{N} w_n \xi_n + \frac{1}{N_2} \sum_{n=1}^{N} w_n \xi_n + \cdots + \frac{1}{N_m} \sum_{n=1}^{N} w_n \xi_n \right) \\
&= \frac{1}{2} a^{\mathrm{T}} a + \frac{CN^2}{2} \left(\frac{1}{N_1} + \frac{1}{N_2} + \cdots + \frac{1}{N_m} \right) \sum_{n=1}^{N} w_n \xi_n
\end{aligned} \qquad (4.10)$$

$$\text{s.t.} \quad y_n [a^{\mathrm{T}} \phi(x_n) + b] \geqslant 1 - \xi_n$$

式中，$n = 1, 2, \cdots, N$；$m = 1, 2, \cdots, T$。

$$\max q(\lambda) = \sum_{i=1}^{N} \lambda_i - \frac{1}{2} \sum_{i,j=1}^{N} \lambda_i \lambda_j y_i y_j k(x_i, x_j)$$

$$\text{s.t.} \quad \sum_{i=1}^{N} \lambda_i y_i = 0 \qquad (4.11)$$

$$0 \leqslant \lambda_n \leqslant C w_n$$

式中，$n = 1, 2, \cdots, N$。

$$\min_{a,b} Q(a) = \frac{1}{2} a^{\mathrm{T}} a + C_+ \sum_{n \in N_+} \xi_n + C_- \sum_{n \in N_-} \xi_n$$

$$\text{s.t.} \quad y_n[\boldsymbol{a}^{\mathrm{T}}\phi(\boldsymbol{x}_n)+b] \geqslant 1-\xi_n \tag{4.12}$$

式中，$n=1,2,\cdots,N$；$N_+=\{n\in\{1,2,\cdots,N\}:y_n=1\}$；$N_-=\{n\in\{1,2,\cdots,N\}:y_n=-1\}$。

进一步，为每个观测值引入单个惩罚因子 w_n，得到

$$\min_{\boldsymbol{a},b} Q(\boldsymbol{a}) = \frac{1}{2}\boldsymbol{a}^{\mathrm{T}}\boldsymbol{a} + C\sum_{n=1}^{n} w_n\xi_n$$

$$\text{s.t.} \quad y_n[\boldsymbol{a}^{\mathrm{T}}\phi(\boldsymbol{x}_n)+b] \geqslant 1-\xi_n \tag{4.13}$$

式中，$n=1,2,\cdots,N$。

由于惩罚因子 w_n 必须满足下面的条件：

$$\sum_{n=1}^{N} w_n = N \tag{4.14}$$

它的引入无论是在类内还是在类间都使得分类错误多样化。另外在提升过程中使用惩罚因子 w_n，可得到原优化问题的对偶优化问题。

引入乘数 λ，可以得到如下拉格朗日函数：

$$\begin{aligned} L(\boldsymbol{a},b,\xi,\lambda) &= \frac{1}{2}\boldsymbol{a}^{\mathrm{T}}\boldsymbol{a} + C\sum_{n=1}^{N} w_n\xi_n + \lambda_1\left\{y_1\left[\boldsymbol{a}^{\mathrm{T}}\phi(\boldsymbol{x}_1)+b\right]+1-\xi_1\right\} \\ &\quad + \lambda_2\left\{y_2\left[\boldsymbol{a}^{\mathrm{T}}\phi(\boldsymbol{x}_2)+b\right]+1-\xi_2\right\} \\ &\quad + \cdots + \lambda_N\left\{y_N\left[\boldsymbol{a}^{\mathrm{T}}\phi(\boldsymbol{x}_N)+b\right]+1-\xi_N\right\} \end{aligned} \tag{4.15}$$

令 $\boldsymbol{\lambda}=[\lambda_1,\lambda_2,\cdots,\lambda_N]$ 和 $\boldsymbol{\xi}=[\xi_1,\xi_2,\cdots,\xi_N]$。当 $\dfrac{\partial L}{\partial \boldsymbol{a}}$、$\dfrac{\partial L}{\partial b}$ 和 $\dfrac{\partial L}{\partial \xi_i}$ 等于 0 时，可以得到

$$\frac{\partial L}{\partial \boldsymbol{a}} = \boldsymbol{a} - \lambda_1 y_1\phi(\boldsymbol{x}_1) - \lambda_2 y_2\phi(\boldsymbol{x}_2) - \cdots - \lambda_N y_N\phi(\boldsymbol{x}_N) = 0 \tag{4.16}$$

$$\frac{\partial L}{\partial b} = \lambda_1 y_1 + \lambda_2 y_2 + \cdots + \lambda_N y_N = 0 \tag{4.17}$$

$$\frac{\partial L}{\partial \xi_i} = Cw_i - \lambda_i = 0 \tag{4.18}$$

从式 (4.16) 可知

$$\boldsymbol{a} = \sum_{i=1}^{N} \lambda_i y_i \phi(\boldsymbol{x}_i) \qquad (4.19)$$

把式(4.19)代入式(4.15)，可以得出如下函数：

$$\begin{aligned}
q(\lambda) &= \inf_{\boldsymbol{a},b,\xi} L(\boldsymbol{a},b,\xi,\lambda) \\
&= \frac{1}{2} \sum_{i=1}^{N} \lambda_i y_i \phi(\boldsymbol{x}_i)^{\mathrm{T}} \sum_{i=1}^{N} \lambda_i y_i \phi(\boldsymbol{x}_i) + C \sum_{n=1}^{N} w_n \xi_n \\
&\quad + \lambda_1 \left\{ y_1 \left[\sum_{i=1}^{N} \lambda_i y_i \phi(\boldsymbol{x}_i)^{\mathrm{T}} \phi(\boldsymbol{x}_1) + b \right] + 1 - \xi_1 \right\} \\
&\quad + \lambda_2 \left\{ y_2 \left[\sum_{i=1}^{N} \lambda_i y_i \phi(\boldsymbol{x}_i)^{\mathrm{T}} \phi(\boldsymbol{x}_2) + b \right] + 1 - \xi_2 \right\} \\
&\quad + \cdots + \lambda_N \left\{ y_N \left[\sum_{i=1}^{N} \lambda_i y_i \phi(\boldsymbol{x}_i)^{\mathrm{T}} \phi(\boldsymbol{x}_N) + b \right] + 1 - \xi_N \right\} \\
&= -\frac{1}{2} \sum_{i=1}^{N} \lambda_i y_i \phi(\boldsymbol{x}_i)^{\mathrm{T}} \sum_{i=1}^{N} \lambda_i y_i \phi(\boldsymbol{x}_i) + C \sum_{n=1}^{N} w_n \xi_n + \sum_{i=1}^{N} \lambda_i - \sum_{i=1}^{N} \lambda_i y_i b + \sum_{i=1}^{N} \lambda_i \xi_i
\end{aligned}$$

根据式(4.17)和式(4.18)，可以得到

$$\begin{aligned}
q(\lambda) &= \sum_{i=1}^{N} \lambda_i - \frac{1}{2} \sum_{i,j=1}^{N} \lambda_i \lambda_j y_i y_j \phi(\boldsymbol{x}_i)^{\mathrm{T}} \phi(\boldsymbol{x}_j) \\
&= \sum_{i=1}^{N} \lambda_i - \frac{1}{2} \sum_{i,j=1}^{N} \lambda_i \lambda_j y_i y_j k(\boldsymbol{x}_i, \boldsymbol{x}_j)
\end{aligned} \qquad (4.20)$$

式中，$k(\boldsymbol{x}_i, \boldsymbol{x}_j)$ 为核函数。

因此，可以得出如下的双重优化表达式：

$$\begin{aligned}
&\max_{\lambda} q(\lambda) = \sum_{i=1}^{N} \lambda_i - \frac{1}{2} \sum_{i,j=1}^{N} \lambda_i \lambda_j y_i y_j k(\boldsymbol{x}_i, \boldsymbol{x}_j) \\
&\text{s.t.} \quad \sum_{i=1}^{N} \lambda_i y_i = 0 \\
&\qquad\quad 0 \leqslant \lambda_n \leqslant C w_n
\end{aligned} \qquad (4.21)$$

式中，λ 为拉格朗日乘子向量；k 为核函数；$n = 1,2,\cdots,N$。

最后，识别模型可以表示为

$$h(\boldsymbol{x}_i) = \text{sign}\left[\sum_{n \in s} y_n \lambda_n k(\boldsymbol{x}_n, \boldsymbol{x}_i) + b\right] \tag{4.22}$$

式中，s 为支持向量；sign 函数为数学符号函数；$h(\boldsymbol{x}_i)$ 为目标函数。

4.5.1　CSVM

本节提出一种基于代价多分类主动学习的敏感支持向量机(CSVM)，它可以通过错误分类代价估计和样本选择来解决不平衡数据问题。CSVM 是一个迭代过程，Zieba 等[16]通过优化指数误差迭代更新 w。误差函数 e_i 的值可根据文献[17]中的 e_k 进行修正，修正后的误差函数可应用于多分类问题，其计算公式如下：

$$e_i = \frac{E_I}{\dfrac{1}{N_1}\displaystyle\sum_{n=1}^{N} w_n^{(i)} + \dfrac{1}{N_2}\displaystyle\sum_{n=1}^{N} w_n^{(i)} + \cdots + \dfrac{1}{N_t}\displaystyle\sum_{n=1}^{N} w_n^{(i)}} \tag{4.23}$$

$$
\begin{aligned}
e_i = &\frac{1}{N_1}\sum_{n=1}^{N} w_n^{(i)} I[h_k(\boldsymbol{x}_n) \neq y_n] + \frac{1}{N_2}\sum_{n=1}^{N} w_n^{(i)} I[h_k(\boldsymbol{x}_n) \neq y_n] \\
&+ \cdots + \frac{1}{N_t}\sum_{n=1}^{N} w_n^{(i)} I[h_k(\boldsymbol{x}_n) \neq y_n]
\end{aligned} \tag{4.24}
$$

式中，$I[h_k(\boldsymbol{x}_n)]$ 为指针函数。

将权值 w_n 作为错误分类代价，将权值 SVM 转化为 CSVM，为提高训练速度，减少训练样本数和训练时间。将主动学习机制引入代价敏感多分类支持向量机中，它包含查询策略选择最优新样本和构建代价敏感支持向量机的过程。本章假设有标签的网络流为 L，无标签的网络流为 U，可以采用查询策略从 U 中选择新样本进行数据标注。

图 4.7 显示了 CSVM 算法流程图。首先，将标记的网络流(L)和未标记的网络流(U)作为输入样本，采用数据 L 训练代价敏感支持向量机。然后，对所有数据 U 进行分类，判断最大迭代次数，如果满足 CSVM 算法的要求，则算法结束，否则选择接近代价敏感支持向量机超平面的网络流样本作为查询策略并对其进行标记。最后，将这些样本插入后训练代价敏感支持向量机，生成新的分类器。

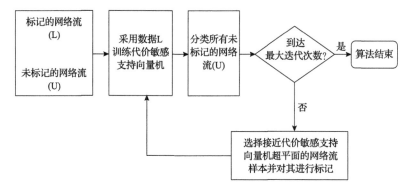

图 4.7　CSVM 算法流程图

算法 4.2 提出了一种基于主动学习的多分类 CSVM 算法，首先初始化网络流特征并生成新的流，网络流样本包括标记网络流(L)和未标记网络流(U)。其次，建立代价敏感支持向量机分类器，用 e_k 对分类器进行优化，并计算几何平均(geometric mean, Gmean)和曲线面积(Mauc)值。当误差值小于 0.5 时，进一步计算 c_k。最后，在迭代过程中更新分类器。

算法 4.2　CSVM 算法

输入: 流 F 包含所有特征(L 和 U)；I, 迭代次数

输出: 不平衡数据的类标签和分类器 $H(x) = \arg\max \sum\limits_{k=1}^{K_{\text{final}}} c_k I[h_k(x) = y]$

1.　　初始化流特征

2.　　生成新的流 F

3.　　**for** k=1 to i

4.　　　　通过式(4.13)训练 CSVM

5.　　　　**while** e_k<0.5 **do**

6.　　　　　　$c_k \leftarrow \ln \dfrac{1-e_k}{e_k}$

7.　　　　　　计算 Gmean 值 g_k 和 Mauc 值 m_k

8.　　　　　　$H_k(x) = \arg\max \sum\limits_{l=1}^{k} c_l I[h_l(x) = y]$

9.　　　　　　**if** g_k>G **then**

10.　　　　　　　$G \leftarrow g_k$，在 CSVM 中选择靠近 CSVM 超平面的网络流

11.　　　　　　　$K_{\text{final}} \leftarrow k$

12.　　　　　　**end if**

13.　　　　**Return** H

14.　　　**end while**

15.　**end for**

4.5.2　性能评估

为了评估所提出算法的有效性，不同的标准评估指标被用来评估所有的算法。也就是说，通过计算总体正确率、查准率和查全率来检验预测某一类流量的正确性。此外，为了评估算法在解决不平衡问题中的有效性，使用几何平均和曲线面积[18]这两种常用的度量算法来评估不平衡问题的解决方案。Mauc 是用于评估多分类器性能的改进 AUC(area under curve, AUC)算法。而 Gmean 是一种均值或平均值，它用一组数值的乘积来表示一组数的中心趋势或典型值。

$$\text{Gmean} = \sqrt{\text{TPR} \times \text{TNR}} \tag{4.25}$$

式中，TPR 为真阳率(true positive rate)；TNR 为真阴率(true negative rate)。

曲线下面积是一个单类数据集的标准度量，这里只区分两个类。然而，这种度量不能应用于涉及两个以上类的多类数据集。因此，Hand 等[18]提出了将 AUC 转换为 Mauc 以应用于多类数据集。Mauc 的定义如下：

$$\text{Mauc} = \frac{2}{q(q-1)} \sum_{i<j} \text{AUC}(c_i, c_j) \tag{4.26}$$

式中，$\text{AUC}(c_i, c_j) = \dfrac{S_i - n_{c_i}(n_{c_j} + 1)/2}{n_{c_i} n_{c_j}}$。

此外，本节还采用混淆矩阵来观察各算法在各个类型上的表现，如表 4.7 所示。

表 4.7　混淆矩阵

混淆矩阵	预测正类	预测负类
真实正类	TP	FN
真实负类	FP	TN

4.5.3　实验结果与分析

本节对 CSVM 算法的性能进行评估，并与其他用于解决不平衡问题的算法进行比较。更具体地说,使用查全率、查准率、总体正确率、Gmean 和 Mauc 性能指标将 CSVM 算法与 SVM 算法、随机过采样(random over sampling, ROS)和随机欠采样(random under sampling, RUS)算法进行比较。利用 WEKA[19]机器学习套件来构建支持向量机模型。如前所述,两个数据集即 Moore_set 和 Noc_set 用于验证算法模型,根据这两个数据集上的实验结果计算性能指标。十折交叉验证法用于交叉验证数据。Moore_set 数据集的实验结果如图4.8~图4.11 所示,而Noc_set 数据集的实验结果如图4.12~图4.15 所示。

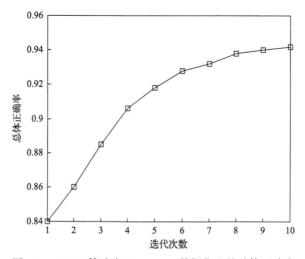

图 4.8　CSVM 算法在 Moore_set 数据集上的总体正确率

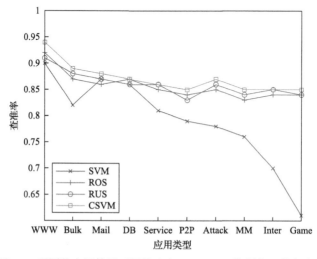

图 4.9　不同的应用使用不同算法在 Moore_set 数据集上的查准率

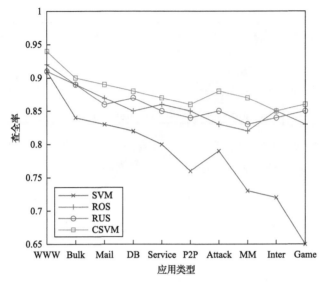

图 4.10　不同的应用使用不同算法在 Moore_set 数据集上的查全率

1. Moore_set 数据集下的性能衡量

图 4.8 显示了 CSVM 算法在不同迭代次数下的总体正确率。结果表明，CSVM 算法收敛性好，总体正确率达到 0.942。因此，当迭代次数为 10 时，采用分类器对网络流进行分类。如图 4.9 和图 4.10 所示，CSVM 算法、ROS 算法和 RUS 算法在所有应用中都具有较高的查准率和查全率，而 SVM 算法在大多数应用类型中的查准率和查全率相对较差。不同应用类型有不同比例的样本数，不平衡的问题凸显，从而导致 SVM 算法不能很好地发挥其作用。如上所述，Game 应用的样本数较少，因此传统的 SVM 算法无法预测。然而，其他算法在所有应用类型中都表现良好，CSVM 算法相比于其他算法具有较高和较稳定的性能。

图 4.11 给出了四种算法的混淆矩阵，可以看出在四种算法中，网络流量所占比例越大，TP 值越高。然而，对于所占比例较小的网络流量，TP 值的差异很大。在图 4.11 (a) 中，SVM 算法在 Game 应用上的 TP 值为 0.61；图 4.11 (b)、图 4.11 (c) 和图 4.11 (d) 中，ROS 算法、RUS 算法和 CSVM 算法的 TP 值分别为 0.855、0.845 和 0.86。

结果表明，采用非平衡策略可以提高占比较小的网络流量的识别正确率。特别是，本节所提 CSVM 算法的 TP 值为 0.86。对于网络流量占比较大的 WWW，TP 值可以达到 0.94。此外，Mauc 和 Gmean 结果（表 4.8）表明，CSVM

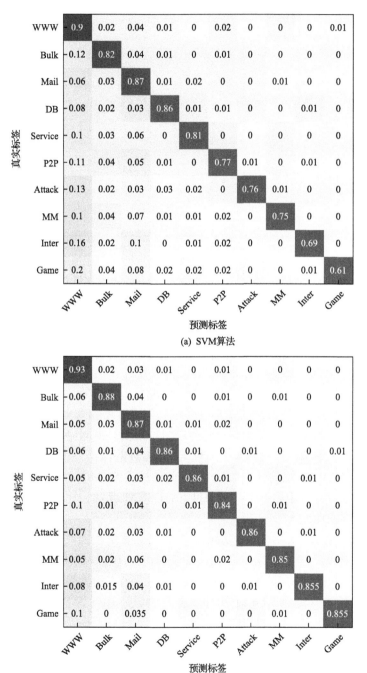

(a) SVM算法

(b) ROS算法

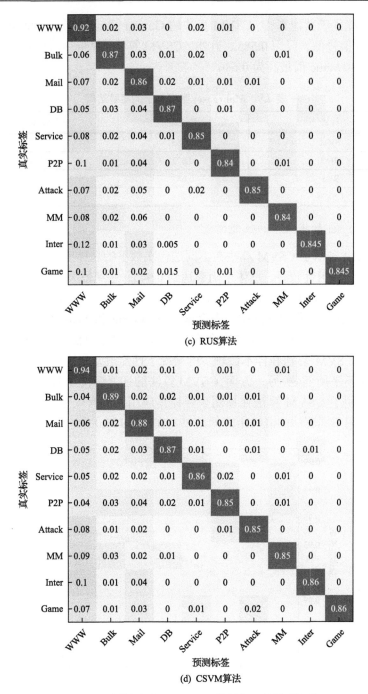

(c) RUS算法

(d) CSVM算法

图 4.11　不同算法在 Moore_set 数据集上的混淆矩阵

算法的性能优于其他算法。CSVM 算法的 Gmean 值可达 0.718，而 SVM 算法的 Gmean 值较低，仅为 0.583。另外，CSVM 算法的 Mauc 值达到 0.709，而其他算法的 Mauc 值最高为 0.646。

表 4.8　Moore_set 数据集上的实验结果

算法	Gmean	Mauc
SVM	0.583	0.625
ROS	0.673	0.631
RUS	0.684	0.646
CSVM	0.718	0.709

2. Noc_set 数据集下的性能衡量

图 4.12 显示了 CSVM 算法在不同迭代次数下的总体正确率。结果表明，CSVM 算法收敛性较好，总体正确率达到 0.945，达到最大值。同样，当迭代次数为 10 时，采用分类器对网络流进行分类。图 4.13、图 4.14 以及表 4.9 显示了 Noc_set 数据集的查准率、查全率以及 Gmean 和 Mauc 结果。由此可以看出，CSVM 算法在查准率和查全率方面都优于其他算法。与 Moore_set 数据集相似，SVM 算法在样本数较少的情况下性能最差，这可能是因为 SVM 无法解决不平衡问题。另一方面，CSVM 算法的性能略优于 ROS 算法和 RUS 算法，证明了 CSVM 算法在预测少量样本应用时的有效性。另外，图 4.15 展示了使用不同算法的混淆矩阵的结果。在图 4.15(a)中，SVM 算法在 Inter

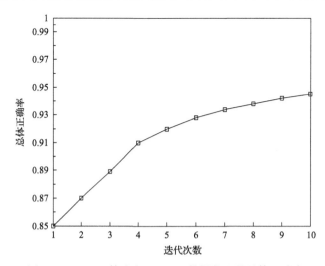

图 4.12　CSVM 算法在 Noc_set 数据集上的总体正确率

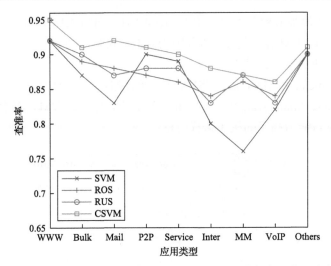

图 4.13　不同的应用使用不同的算法在 Noc_set 数据集上的查准率

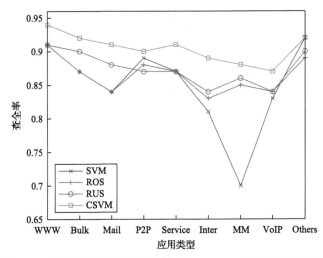

图 4.14　不同的应用使用不同的算法在 Noc_set 数据集上的查全率

表 4.9　Noc_set 数据集上的实验结果

算法	Gmean	Mauc
SVM	0.674	0.7112
ROS	0.723	0.7231
RUS	0.734	0.7256
CSVM	0.768	0.7740

应用上的 TP 值为 0.81；图 4.15(b)、图 4.15(c)和图 4.15(d)中，ROS 算法、RUS 算法和 CSVM 算法的 TP 值分别为 0.835、0.84 和 0.89。结果表明，CSVM 算法能较好地提高辨识性能。

对于 Gmean 和 Mauc 值，CSVM 算法的性能优于其他算法，Gmean 值可以达到 0.768，Mauc 值能达到 0.7740，这可能是由于 CSVM 算法使用成本代价敏感的学习能力高于随机重采样算法。

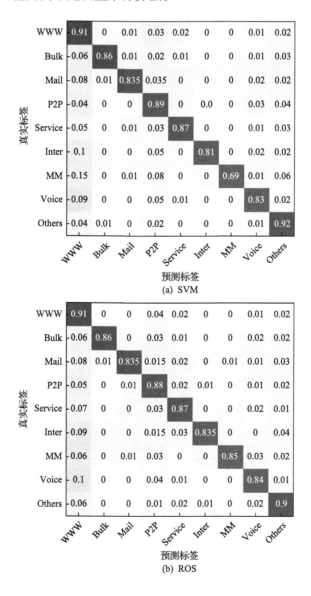

(a) SVM

(b) ROS

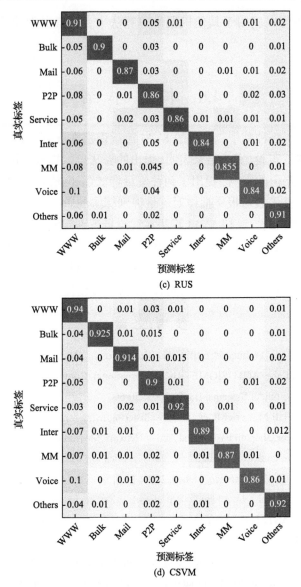

(c) RUS

(d) CSVM

图 4.15　不同的算法在 Noc_set 数据集上的混淆矩阵

　　综上所述，与其他三种算法相比，本章提出的 CSVM 算法具有更高的查准率和查全率，在 Gmean 和 Mauc 值中表现出较优的性能，是解决不平衡问题的有效算法。通过在表 4.1 中提到的测度中添加其他测度，可以在更好的模型和合理增加复杂性的情况下获得更优的分类结果。此外，本章提出的多类解决方案还可以应用于其他机器学习算法中，提高其解决不平衡问题的效率。

4.6　本　章　小　结

本章提出了一种基于二叉树的 SVM 流量识别算法，在两个不同的网络流量数据集上进行实验。实验结果表明，提出的算法可以提升流量识别正确率。考虑到不对称路由的影响，提出了两种流量特征（双向流特征和单向流特征），并分析和研究核函数与报文抽样对流量识别算法的影响。理论分析和实验结果表明，本章提出的二叉树 SVM 算法在大流量识别问题上比小流量识别具有更高的弹性，且带有高斯核函数的 RBF 是较好的选择。为减少数据不均衡性所造成的流量识别正确率不高的问题，提出了一种基于主动学习的多分类SVM 算法，实验结果表明该算法能有效地提高识别正确率。

参 考 文 献

[1] Moore A W, Zuev D. Internet traffic classification using Bayesian analysis techniques[C]. Proceedings of the ACM SIGMETRICS International Conference on Measurement and Modeling of Computer Systems, Banff, 2005: 50-60.

[2] McGregor A, Hall M, Lorier P, et al. Flow clustering using machine learning techniques[C]. International Workshop on Passive and Active Network Measurement, Berlin, 2004: 205-214.

[3] Bernaille L, Teixeira R, Salamatian K. Early application identification[C]. Proceedings of the ACM CoNEXT Conference, Lisboa, 2006: 1-12.

[4] Kaplantzis S, Mani N. A study on classification techniques for network intrusion detection[C]. IASTED Conference on Networks and Communication Systems, Chiang Mai, 2006: 352-357.

[5] Li J, Zhang S, Li C, et al. Composite lightweight traffic classification system for network management[J]. International Journal of Network Management, 2010, 20(2): 85-105.

[6] Williams N, Zander S. Evaluating machine learning algorithms for automated network application identification[J]. Center for Advanced Internet Architectures, 2006, 060410B.

[7] Li Z, Yuan R, Guan X. Accurate classification of the internet traffic based on the SVM method[C]. IEEE International Conference on Communications, Glasgow, 2007: 1373-1378.

[8] Liu Y, Liu H, Zhang H, et al. The internet traffic classification an online SVM approach[C].

International Conference on Information Networking, Busan, 2008: 1-5.

[9] Zhang X Q, Gu C H. CH-SVM based network anomaly detection[C]. International Conference on Machine Learning and Cybernetics, Hong Kong, 2007: 3261-3266.

[10] Hsu C W, Lin C J. A comparison of methods for multiclass support vector machines[J]. IEEE Transactions on Neural Networks, 2002, 13(2): 415-425.

[11] Wang Y H, Zhang C C, Luo J. Study on information fusion algorithm and application based on improved SVM[C]. 13th International IEEE Conference on Intelligent Transportation Systems, Funchal, 2010: 1271-1276.

[12] Levandoski J, Sommer E, Strait M, et al. Application layer packet classifier for Linux[EB/OL]. http://l7-filter.sourceforge.net[2009-01-07].

[13] Mao Z M, Qiu L, Wang J, et al. On AS-level path inference[C]. Proceedings of the ACM SIGMETRICS International Conference on Measurement and Modeling of Computer Systems, Banff, 2005: 339-349.

[14] John W, Dusi M, Claffy K C. Estimating routing symmetry on single links by passive flow measurements[C]. Proceedings of the 6th International Wireless Communications and Mobile Computing Conference, Caen, 2010: 473-478.

[15] Su Y J, Ding W, Dong S. JSERNET UDP53 port traffic analysis[C]. Second International Conference on Networking and Distributed Computing, Beijing, 2011: 50-53.

[16] Zieba M, Tomczak J M, Lubicz M, et al. Boosted SVM for extracting rules from imbalanced data in application to prediction of the post-operative life expectancy in the lung cancer patients[J]. Applied Soft Computing, 2014, 14: 99-108.

[17] Zieba M, Tomczak J M. Boosted SVM with active learning strategy for imbalanced data[J]. Soft Computing, 2015, 19(12): 3357-3368.

[18] Hand D J, Till R J. A simple generalisation of the area under the ROC curve for multiple class classification problems[J]. Machine Learning, 2001, 45(2): 171-186.

[19] Hall M, Frank E, Holmes G, et al. The WEKA data mining software: An update[J]. ACM SIGKDD Explorations Newsletter, 2009, 11(1): 10-18.

第5章　基于多概率神经网络的流量识别算法

5.1　引　　言

随着互联网技术的不断发展，网络带宽的不断增加，网络管理面临着更大的挑战，而流量识别作为网络流量和用户行为等监控的基础，显得尤为重要。实时准确地识别网络流量所属的应用层协议是 QoS、网络流量和用户行为等监控的前提和基础，对网络性能管理、网络计费管理、流量工程和入侵检测等方面的研究有着重要的指导意义。然而，包括各种 P2P 协议在内的越来越多的应用不遵守默认端口的约定以及使用动态端口进行通信等，早期以IANA 注册的常用端口号区分应用层协议流量的算法正确率已低于 50%[1,2]，严重影响结果分析的可信性。而依据报文负载内容识别应用层协议的算法在主干网络带宽增长到 10Gbit/s 以上时将面临一个巨大的挑战，且该算法无法处理日益增加的流量加密问题。

因此，自 2004 年开始基于应用行为特征分类应用流量的算法逐渐成为国际上的研究热点。这类算法归纳出各应用协议实际交互过程中在流或主机上表现出的不同行为特征，并以此为依据判别待分类流量所属的应用类型。其可分为事先无训练集和有训练集两类，分别对应数理统计中的聚类分析和判别分析。在使用聚类算法方面，McGregor 等[3]和 Erman 等[4,5]分别使用 EM 和自动聚类(autoclass, AC)等聚类算法，在没有训练集的情况下考虑流之间的相似性将流量进行分组，而后利用基于端口号或负载检查的算法分析其准确性。但是，聚类算法不能解释为什么流量会进行这样的分类。因此，该类算法只能使用在对分类没有先验知识、没有训练集的情况下，另外还能对类型进行初步探索。在判别算法方面，Karagiannis 等[6]分析应用类型在空间维上的行为特征(端口号分布、链接数等)，构造主机间交互关系图，并以此识别流量贡献的主机正在使用的应用协议类型。但该算法必须对流量进行一定的累积，具有滞后性，且在高速主干网络下如何有效地存储流量、快速构造及匹配图本身仍是亟待解决的问题。Roughan 等[7]和 Zander 等[8,9]基于 KNN 和 C4.5 分类算法等机器学习算法，利用流长、流持续时间等特征对网络流量进行分类。

目前，普遍采用的流量识别模型[10-16]把网络流量划分为 10 种类型，具有较高的准确率。但是这些算法仍然存在如下一些缺陷：

(1)测度具有较高的复杂性。现有的流量识别采用的流测度普遍维度较高，其中包括传输层端口号，以及复杂的报文首部傅里叶变换等测度，因此对报文采集及测度计算提出了较高的要求。

(2)识别算法具有高复杂性。文献[11]使用核估计(kernel estimation, KE)的算法对贝叶斯算法的变量正态分布假设进行修正。但是，KE 算法的时间复杂度随训练样本流数呈现线性增长态势，虽然正确率得到了提高，但是效率有所减低。文献[12]采用贝叶斯神经网络对网络流量进行了识别，但是较高的算法时空复杂度使其只能通过离线方式对流量进行识别。文献[13]中所提算法在训练阶段的时间开销很大，无法应用到目前主流带宽网络中。文献[14]中采用 C4.5 分类算法，虽然平均每个流分类的时间复杂度得到降低，但仍难以满足实时在线检测的需求。

(3)样本的不均衡性严重影响流量识别结果。对于样本数量较少的应用类型，识别正确率偏低，从而导致不同应用间的平均识别正确率较低。更重要的是，现有研究中各协议的识别正确率与该协议在训练样本中所占的流数比例密切相关。文献[12]中表明，增加某类应用协议的训练样本流数可以提高该类协议的识别正确率，但会降低其他应用协议甚至整体流量的识别正确率。但是从理论上说，只要协议训练样本的数量足以刻画该协议的分布情况，所选用的协议识别算法就可以准确地标记该协议，而与其在总训练样本中所占的流数比例完全无关。增加某个协议的训练样本可以细化其行为特征并提高该协议的识别正确率，但不应降低其他协议和总体流量的识别正确率。

(4)现有研究大部分是对 TCP 流量进行应用识别，然而通过对目前公开的 Trace 和 CERNET 网络流量的分析可知，目前 CERNET 主干网和网络上所承载的 UDP 流量已经超过 50%，但完整 TCP 流量仅约占网络总流量的10%。文献[17]指出，UDP 流的总数约是 TCP 流总数的 2 倍。因此，仅针对完整 TCP 流量进行研究具有极大的片面性，有必要扩大应用流量识别对象，使之包含 TCP 流量及 UDP 协议的所有流量。文献[13]仅对基于 UDP 流量进行识别，但流量识别对象不够全面，且流量极少，还难以对整体实际网络流量进行刻画。

本章针对上述问题，提出一种基于多概率神经网络(MPNN)的网络流量识别算法。该算法采用多个相对独立的小概率神经网络结构对样本进行识别，每个独立的小概率神经网络对应一种特定的应用。这样能充分利用 MPNN 流量识别算法细化每类应用在网络流量行为特征上的差别，提高各类应用的流量识别总体正确率，并使得 MPNN 流量识别算法可以并发执行，以应对大网络流量处理环境下所要面临的挑战。

本章的组织结构如下：5.2 节简单介绍概率神经网络和基于最小风险贝叶斯算法；5.3 节介绍 MPNN 流量识别算法的结构及训练和识别过程；5.4 节基于多个实际 Trace 实验，结合理论分析 MPNN 流量识别算法的正确率、时空复杂度、训练样本空间大小、协议行为随时间和空间变化后的正确率衰减等问题；5.5 节对本章内容进行总结。

5.2   概率神经网络

5.2.1   概率神经网络简介

概率神经网络(probabilistic neural networks, PNN)是在 1990 年由 Specht[18] 提出的一种结构简单、应用广泛的人工神经网络，它是径向基网络的分支，是基于贝叶斯最小风险准则的并行算法。概率神经网络由贝叶斯分类规则构成，属于有监督学习的分类器，是一个由一系列简单的神经元相互密集连接而构成的多层网络结构。其中，第一层为输入层，第二层为隐藏层，第三层为累加层，最后一层为输出层。输入层主要由 n 个待识别的输入变量构成，主要负责对输入参数的预处理。隐藏层通过对输入层传递过来的权矢量和模式矢量进行点积运算并对其进行非线性操作，其中传递函数不再是 Sigmoid 函数，而是 T，且满足

$$T(Z_i) = \exp\left[(Z_i - 1) / s^2 \right] \qquad (5.1)$$

式中，Z_i 为隐藏层第 i 个神经元的输入；s 为均方差。

累加层主要完成求和的任务，在该层中每一个节点都负责接收与之相关联的模式类型的输出，且节点数目与所要分类的个数一致。输出层主要完成最终的决策，输出函数值为离散性数值 1 或 0。其典型结构如图 5.1 所示，关于神经网络的详细介绍参见文献[15],模式识别进行分类的主要任务即判断变量 x 的归属集合。

通过分析数理统计、机器学习在流量识别中的应用，可以发现概率神经网络算法有如下特点：

(1)输入可以是任何实数。大多数行为测度取值为实数，神经网络的该特性避免了 C4.5 分类算法中对属性离散的假定和相应增强算法中分割离散区间

阈值的设置问题。

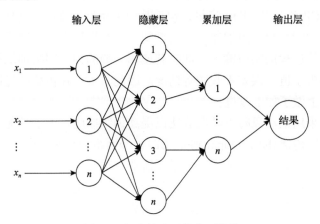

图 5.1　概率神经网络典型结构

(2)各属性测度之间没有相关性要求。对于不确定的网络流行为测度之间的相关关系，该特性避免了贝叶斯等算法中要求输入属性之间保持相互独立的问题。

(3)训练数据中的噪声具有鲁棒性。在复杂的网络环境中，某些原因造成网络流量行为偏离理论上的正常情况，如网络拥塞、路由变化、终端异常关闭等。特别地，当识别的对象由完整 TCP 流量扩展至全 TCP+UDP 流量时，对噪声容忍的要求尤为重要。

(4)目标函数求解的时间复杂度较低，避免了传统机器学习算法高时间复杂度，能够适应主干网络中的网络流量识别。

(5)更新模型较易。随着时间和地点的变化，网络流量行为的识别正确率下降，这样就需要对模型进行不定期的更新。神经网络的模型更新可在原有已学习完成的模型上直接完成，而贝叶斯等算法需要完全重新训练并更新模型。

(6)增加或减少训练数据无须进行长时间的训练。

5.2.2　最小风险贝叶斯算法

本节采用图 5.1 所示的概率神经网络解决流量分类的相关问题。文献[13]中也曾使用概率神经网络算法识别网络流量的应用协议，但其识别的对象只限于完整的 TCP 流量。由文献[12]对现有的 Trace 分析可知，完整的 TCP 流量不足网络总流量的 10%，显然这样的识别对象不能满足实际工程及网络管理的需要，需将应用协议的识别对象扩展至所有可承载应用协议的传输层流，即全部的 TCP 流量和 UDP 流量，包括其中不完整的流量。这样的扩展使得待识别流量的行为分布更加复杂，类型间的非线性界限复杂度更高，且极大地增加了训练过程的噪声输入。此时若使用一般的神经网络训练算法，往往会陷入局部极小值、误差不收敛等情况。因此，本节在传统神经网络的结构和训练算法上做了如下改进：

首先，采用最小风险贝叶斯算法以提高训练速度，由于其无学习过程，比常见的反向传播(back propagation, BP)神经网络大约快 5 个数量级。此外，最小风险贝叶斯算法不仅能将分类错误所造成的损失考虑到分类决策中，还能表示可能存在的应用协议之间高度复杂的非线性决策面，并有效地处理测度分布的重尾现象。由于最小风险贝叶斯算法可以把非常大的输入值映射成一个小范围的输出，所以可以很好地处理测度分布中极大的重尾现象。

Diamantini 等[19]提出了一种 Parzen 窗函数算法来估计累积概率分布函数(cumulative probability distribution function, CPDF)，该算法是采用已知样本对总体样本分布密度函数进行有效估计，以每个训练样本为中心引入高斯核函数，对于输入样本 $\boldsymbol{x}$，计算它对所有高斯核函数响应的线性加权和并乘以尺度因子即为估计 CPDF。Parzen 证明当训练样本数足够多且尺度因子 L 选择合理时，高斯核函数的线性加权和更逼近真实的 CPDF，公式如下：

$$o = \frac{1}{N_i} \frac{1}{(2\pi)^{L/2} d^L} \sum_{j=1}^{N_j} \frac{\left\| \boldsymbol{x} - \boldsymbol{c}_{ij} \right\|}{d} \tag{5.2}$$

式中，$\boldsymbol{c}_{ij}$ 为第 i 类属于应用类型 j 的训练样本；N_i 为样本集合中属于 $\boldsymbol{c}_{ij}$ 的个数；d 为一个平滑参数，称作带宽，其值越大，表示在相同距离的情况下函数值越小。

其次，不管分类多么复杂，都可以在贝叶斯准则下获取最优解。在决策过程中，需要引入损失因子 $\lambda(d_i, c_j)$ 表示当分类结果为 c_j 时采用 d_i 策略所受到的损失，其中 c_j 为真实被分类的结果类型，d_i 为所采用的决策策略。本节引入损失的概念，势必使决策所导致的损失最小化。假设决策空间 $d_i(i = 1, 2, \cdots, n)$，对于一个输入网络流 F_x，若采用 d_i 策略，则它的损失函数表示为

$$L(d_i \mid F_x) = \sum_{j=1}^{m} (d_i, c_j) \cdot P(c_j \mid F_x), \quad m = 1, 2, \cdots, n \tag{5.3}$$

那么，最小风险贝叶斯算法则是通过如下规则实施的：

若 $L(d_i \mid F_x) = \min L(d_i \mid F_x)(i = 1, 2, \cdots, n)$，则 F_x 属于 c_j 类；若 $L(d_1 \mid F_x) <$ $L(d_2 \mid F_x), L(d_3 \mid F_x), \cdots, L(d_n \mid F_x)$，则 F_x 属于 c_1 类。

5.2.3　PNN 函数

设 $\boldsymbol{x}_{11}, \boldsymbol{x}_{12}, \cdots, \boldsymbol{x}_{1N}$ 是独立同分布的样本，视它们为随机变量，则其密度函数为 $f_1(\boldsymbol{x})$，且 $f_1(\boldsymbol{x})$ 在 $\boldsymbol{x}$ 点连续。核函数 $T(\boldsymbol{x})$ 和密度函数 $f_1(\boldsymbol{x})$ 可分别表示为

$$T(\boldsymbol{x}) = \frac{1}{(2\pi)^{d/2}} \exp\left(-\frac{\boldsymbol{x}\boldsymbol{x}^{\mathrm{T}}}{2}\right) \tag{5.4}$$

$$f_1(\boldsymbol{x}) = \frac{1}{N\sigma^d} \sum_{i=1}^{N} T \frac{\boldsymbol{x} - \boldsymbol{x}_{1i}}{\sigma} \tag{5.5}$$

引理 5.1　如果 σ 作为 N 的函数 $\sigma = \sigma(N)$，且满足 $\lim\limits_{N_1 \to \infty} \sigma(N_1) = 0$、$\lim\limits_{N_1 \to \infty} N_1 [\sigma(N_1)]^d = \infty$，则 $\lim\limits_{N_t \to \infty} E[f_{1N_1}(\overline{\boldsymbol{x}})] = f_1(\overline{\boldsymbol{x}})$，$\lim\limits_{N_t \to \infty} P\{|f_{1N_1}(\overline{\boldsymbol{x}}) - f_1(\overline{\boldsymbol{x}})| > \varsigma\} = 0$。

证明见文献[19]。引理 5.1 证明核估计函数是渐近无偏的，核估计函数收敛于概率密度函数。同样，设 $\boldsymbol{x}_{i1}, \boldsymbol{x}_{i2}, \cdots, \boldsymbol{x}_{iN}$ 是独立同分布的样本，则其密度函数为 $f_i(\boldsymbol{x})$，且 $f_i(\boldsymbol{x})$ 在 $\boldsymbol{x}$ 处连续，这时 $f_i(\boldsymbol{x})$ 表示为 $f_i(\boldsymbol{x}) = f_1(\boldsymbol{x}) = \frac{1}{N\sigma^d} \sum_{i=1}^{N} T \frac{\boldsymbol{x} - \boldsymbol{x}_{1i}}{\sigma}$。

5.2.4　基于概率神经网络的算法

在图 5.1 中，输入的样本 $(x_1, x_2, \cdots, x_n)$ 从输入层通过所有的隐藏层处理之后，在此层确定神经元的输入和输出关系，进入累加层后把同类的神经元进行累加并求均值，根据贝叶斯决策算法获取最小风险的最大值的类型标号。在输出层将现行的输出 O_d 和期望输出 t_d 进行误差计算。如果误差小于可接受的阈值，则训练成功；否则，进入失败队列。若以上神经网络的训练过程误差 E 达到预定的可接受范围，则训练成功；若达到预定的迭代次数后误差仍不收敛，则训练失败。

PNN 算法如算法 5.1 所示，其中为了突出算法主体，未加入对训练迭代次数的限定。在算法输入列表中，training_samples 为形式为 $(\overline{x}, \overline{t})$ 序偶的训练样例集合，其中 $\overline{x}$ 是神经网络的输入值向量，对应于应用协议识别的行为

特征测度取值向量，$\bar{t}$ 是样例的目标输出值，对应于应用协议类型标号向量；n_{in} 是神经网络输入单元数，n_{hidden} 是隐藏单元数，n_{out} 是输出单元数。从单元 i 到单元 j 的输入表示为 x_{ij}，单元 i 到单元 j 的权值表示为 W_{ij}。

算法 5.1　PNN 算法

---

1. **PNN**(training_samples, n_{in}, n_{hidden}, n_{out})

2. {

3. 　　创建具有 n_{in} 个输入单元、n_{hidden} 个隐藏单元、n_{out} 个输出单元的概率神经网络

4. 　　网络权值初始化，$W_{ij} = 0$

5. 　**do**{

6. 　　　　对于在训练样本中的每个 $(\bar{x}, \bar{t})$，将实例 $\bar{x}$ 输入网络，$\sigma \in (0, \infty)$ 为平滑参数，x_{ij} 表示第 i 类训练样本的第 j 个数据，并计算网络中第 i 类模式的第 j 隐藏层神经元的输出 $O_{ij}(x)$：

$$O_{ij}(\bar{x}) = \frac{1}{(2\pi)^{d/2}\sigma^d}\exp\left[-\frac{(x - x_{ij})(x - x_{ij})^{\mathrm{T}}}{\sigma^2}\right]$$

7. 　　　　在隐藏层需要对隐中心的同一类所代表的隐藏单元输出

进行累加并求平均 $f_{iki}(x) = \frac{1}{N}\sum_{j=1}^{N}O_{ij}(x)$

8. 　　　　对于该输出网络，根据贝叶斯决策算法计算它的最大样本估计 δ_i，有 $\delta_i = \max[f_{iki}(x)]$，$i$ 即所求的应用类型

9. 　　}**while**($\delta_i < E_{threshold}$)

10. }

5.3　MPNN 应用协议识别算法

通过对上述问题进行分析和描述，本节提出 MPNN 流量识别算法，结构如图 5.2 所示。

本章将 MPNN 流量识别算法设计为由多个小概率神经网络所组成的并行神经网络链：$PNN = (PNN_1, PNN_2, \cdots, PNN_\rho)$。每个独立的概率神经网络分类器 PNN_i 用于决策当前流 x 是否属于该神经网络所代表的应用类型 i。PNN_i 的输出 O_i 为 0~1 的实数，且其值越接近于 1，代表流 x 为应用类型 i 的概率

越大。因此，本章使用式(5.6)判断当前流 x 所属的最终应用协议：

$$\text{Application} = \begin{cases} t, & O_t = \max_{1 \leqslant i \leqslant e}\{O_i \mid O_i > \delta\}; \{O_i \mid O_i \geqslant \delta\} \neq \varnothing \\ \rho+1, & \{O_i \mid O_i \geqslant \delta\} = \varnothing \end{cases} \tag{5.6}$$

式中，δ 为判定流 x 是否属于某应用类型的阈值。

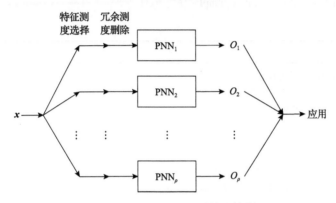

图 5.2　MPNN 流量识别算法结构

式(5.6)表示，当多概率神经网络分类器对流 x 进行应用类型判定时，MPNN 流量识别算法将输出结果值最大的神经网络分类器的标号作为流 x 的应用类型标记；若所有分类器同时给出否定结果，则流 x 不属于当前任何待识别应用协议，MPNN 流量识别算法将流 x 归为其他单独的一类，可称为"Others"。

通过对上面算法结构的分析研究，可得到 MPNN 训练算法和识别算法，分别见算法 5.2 和算法 5.3。

算法 5.2　MPNN 训练算法

---

1. **PNN_Training** (training_samples, application_list)

2. 　{

3. 　　**for** every APP_i in application_list, $i = 1, 2, \cdots, \rho$

4. 　　　//使用 training_samples 从备选测度集合 F 中为应用协议 APP_i 挑选其行为
　　　　特征测度，组成应用协议 APP_i 的特征测度集合 F_i'

5. 　　　　$M_i' = \text{Feature\_Metric\_Selection}(\text{training\_samples}, F, \text{APP}_i)$

6.	//使用 training_samples，从特征测度集合 F_i' 中删除具有高度相关关系
	特征，剩下无冗余特征测度集合 F_i' 的特征
7.	$F_i'' =$ Redundant_Metric_Deletion(training_samples, F_i')
8.	//构造识别应用协议 APP$_i$ 所用的神经网络 PNN$_i$，并使用基于最小风险
	贝叶斯算法对 PNN$_i$ 进行训练
9.	PNN$_i$ = PNN(training_samples, $\left| F_i'' \right|$, n_i, 1)
10.	}

算法 5.3　　MPNN 识别算法

1. **PNN_Identification**(flow_record)

2. {

3. **for** every NN$_i$ in NN, i=1,2,$\cdots$, ρ

4. 　　//针对 NN$_i$ 所代表的应用协议，从待识别的流记录(flow_record)中提取
　　　　集合 F_i'' 中测度的对应取值，组成测度值向量 $\bar{x}_i$

5. 　　$\bar{x}_i =$ Get_Metric(flow_record, F_i'')

6. 　　//使用类似于 PNN 算法，把实例 $\bar{x}_i$ 输入已训练完毕的神经网络 NN$_i$，
　　　　逐层计算网络中每个单元 u(包括输出层单元)的输出 O_u :

$$O_u = \frac{1}{(2\pi)^{d/2}\sigma^d} \exp\left[-\frac{(\boldsymbol{x}-\boldsymbol{x}_{ij})(\boldsymbol{x}-\boldsymbol{x}_{ij})^{\mathrm{T}}}{\sigma^2}\right]$$

7. 　　//取各概率神经网络 PNN$_i$ 输出的最大值 O_m，若 O_m 的值大于预设
　　　　阈值 $\delta_{\text{threshold}}$，则 m 即该待识别流 flow_record 所对应的协议编号；
　　　　否则，当前流不属于目前待识别的任何协议，将其归为 Others

8. 　　$O_m = \max\{O_k \mid k \in \text{outputs}\}$

9. 　　**if** ($O_m > \delta_{\text{threshold}}$)

10. 　　　　application = m

11. 　　**else**

12. 　　　　application = ρ +1

13. }

　　MPNN 训练算法需要对输入的 training_samples 集合中的每个待识别应用 APP$_i$ 进行如下处理：首先使用某个特征选择算法挑选出能够判定 APP$_i$ 行为的特征测度，组成行为特征测度集合 F_i'；然后利用测度相关性算法删除 F_i' 中具

有高度相关关系的特征，减少冗余信息的输入，并构成最终测度集合 F_i''。最后使用算法 5.1 构造具有 $|F_i''|$ 个输入节点、n_i 个隐藏节点、1 个输出节点的三层神经网络 PNN_i；并以 F_i'' 测度集合为依据，将 training_samples 中样本对应的测度值和所属的应用协议输入 PNN_i 进行训练。重复以上过程，直至每个待识别应用协议 APP_i 的神经网络误差输出满足要求，训练过程结束。

MPNN 流量识别算法的应用识别过程基于已训练完成的各神经网络，逐层计算各节点 T 核函数的输出，直至网络输出层。若具有最大输出值的神经网络具有足够的可信度，则其标号所对应的应用协议即为 MPNN 流量识别算法所判断的该待识别流所属的应用协议；否则，记该流的应用协议标签为"Others"。

5.4　实　　验

5.4.1　实验环境及备选测度

本章实验采用 4 个 Intel(R) Xeon(R) 4.00GHz 的双核处理器和 8GB 物理内存的硬件配置，操作系统平台采用 Linux 2.6.18 内核。为了避免由单一实验数据造成的偶然性，充分反映 MPNN 流量识别算法的准确性、合理性，实验选取了多个 Trace，在不同时间、不同应用背景和不同负载情况下进行分析验证。实验 Trace 包括以下两组，同一组中的 Trace 数据均来自相同的采集点，组内的差别主要在于采集时间各不相同：

（1）江苏省网边界采集的 Trace，构成 Noc_set 数据集，测度属性集合如表 4.1 所示；

（2）文献[13]中统计的流记录 Trace，构成 Moore_set 数据集。

各 Trace 的分布概况如表 5.1 所示。

表 5.1　实验 Trace 分布概况

Trace	开始时间	持续时间	可用带宽	字节数	报文数
Noc_set	2008 年 8 月 20 日 15:00	1h	1Gbit/s×2	338.0	69.2
	2010 年 10 月 15 日 20:00	1h	1Gbit/s×2	446.0	78.4
Moore_set	2003 年 8 月 20 日 00:34	3×30min	1Gbit/s×2	27.0	5.7

Noc_set 数据集系列的采集点位于江苏省网边界路由到国家主干路由之

间，为全报文采集，采用 L7-filter 软件对报文进行标记[20]，应用协议流量明细如表 5.2 所示。Moore_set 数据集系列由若干个较短的 Trace 组成，每个短 Trace 约持续 30min。每个短 Trace 由已统计完成的完整 TCP 流量或 UDP 流量的记录组成，每条流量记录包括 248 个以上的流测度值以及该流所属的 10 个应用协议类型之一的标号，其应用详见文献[13]、[21]。由于其只包含信道的部分流量信息，故报文数和字节数较小。

表 5.2　Noc_set 数据集系列应用协议流量明细

应用类型	IP 数量	流数	报文数	字节数
WWW	20632	904572	6.87×10^7	7.74×10^6
Bulk	365	5483	1.09×10^5	5.42×10^{10}
Mail	58	385	21399	5.20×10^6
P2P	6338	11186	34157	3.02×10^6
Service	867	3035	2.27×10^5	1.13×10^8
Inter	2	6	3.84×10^4	2.58×10^7
MM	7	20	2.04×10^6	1.56×10^8
Voice	35	276	1.42×10^8	9.42×10^{10}
Others	8578	2.65×10^4	4.18×10^6	2.26×10^9

目前，主流的流量识别算法[11,12]均使用了数量多且计算复杂的流行为测度，流行为测度计算的复杂度已经不能满足目前在线流量识别的基本要求。参考 NetFlow 等路由器中的流信息统计系统的工作原理，流行为测度的计算应在流中每报文到达后直接进行，不需要保存该报文的信息。基于此原则，在线应用识别算法所依赖的流测度描述如表 5.3 所示。

表 5.3　流测度描述

测度	测度描述
双向报文数	前向和后向的报文数之和
双向字节数	前向和后向的字节数之和
平均报文长度	双向字节数/双向报文数
流持续时间	流结束时间–流开始时间
tos	NetFlow 中双向 tos 或操作
tcpflags1	某一方向流的 tcpflags

续表

测度	测度描述
tcpflags2	另一方向流的 tcpflags
传输协议	NetFlow 直接得到
低位端口	NetFlow 直接得到
高位端口	NetFlow 直接得到
每秒报文数	报文数/持续时间
每秒字节数	字节数/持续时间
平均报文到达时间	持续时间/报文数
双向报文数比	流中双向报文数的比
双向字节数比	流中双向字节数的比
双向报文长度比	流中双向报文长度的比

　　以上测度均可包含单向、双向的情况，以及双向流量之间的比值情况。所有这些测度组成的集合为备选测度集合 F，作为 MPNN 协议识别训练过程的输入。

　　特征测度选择和冗余测度删除算法分别采用了 FCBF 选择和 SU 相关关系分析算法[22]。另外，根据 Hecht-Nielsen[23]证明的 Kolmogorov 定理：给定任何一个连续函数 $f: U_n \rightarrow \mathbf{R}_m$, $Y = f(x)$, f 可以精确地用一个四层概率神经网络实现，该网络的输入层有 n 个神经元，中间隐藏层有 $2n+1$ 个神经元，输出层有 m 个神经元。因此，对于 MPNN 算法中各子神经网络隐藏层神经元数目，即 MPNN_Training 算法中各 n_i 取值的选取，本章实验中均使用了 $n_i = 2|F_i''| + 1$。

　　同时，为了避免神经网络模型对数据过拟合，以及使用不合理的训练和测试集数据错误地导致过于乐观的分类结果，本章在分析 MPNN 算法各方面正确率时都采用了文献[24]所建议的 k-折交叉验证（k-fold cross-validation）法对所用的数据集进行划分并评估。对于数据集 Moore_set、Noc_set，实验中采取常用的十折交叉验证法进行评估。

5.4.2　MPNN 算法评价分析

　　本章使用查准率、查全率、总体正确率和标准差对所提出的识别算法进行性能评估和有效性验证，其中，查准率、查全率和总体正确率计算公式如式(2.12)～式(2.14)所示，标准差如式(5.7)所示。

标准差(standard deviation, SD)：

$$标准差 = \frac{1}{n}\sum_{i=1}^{n}(正确识别该协议的流量 - 平均识别流量) \tag{5.7}$$

表 5.4 给出了使用查准率和查全率对 MPNN 算法进行识别的正确率。

表 5.4　MPNN 算法对各应用协议的识别正确率

应用协议	Moore_set			Noc_set		
	查准率/%	查全率/%	错误率 95%区间	查准率/%	查全率/%	错误率 95%区间
Bulk	99.38	95.67	0.70±0.12	99.04	92.82	0.94±0.2
Web	99.72	98.66	0.26±0.03	98.22	98.07	2.61±0.02
Mail	99.50	98.91	0.40±0.09	100.0	96.23	0
P2P	95.95	97.47	4.21±0.94	95.26	96.28	3.21±0.02
Attack	74.37	73.12	21.63±2.08	—	—	—
DB	98.76	96.15	1.20±0.45	—	—	—
MM	99.67	97.45	0.35±0.44	63.57	100.0	32.56±69.70
Service	94.97	93.74	5.08±0.92	98.43	97.25	1.28±0.16
Inter	100.0	100.0	0	97.05	98.37	2.87±1.41
Game	50.0	53.42	51.0±32.63	—	—	—
VoIP	—	—	—	97.99	94.55	1.17±0.11
Others	—	—	—	95.92	93.72	2.15±0.01
Total	98.42	—	0.46±0.02	94.37	—	4.32±0.02

注："—"表示无该应用流量。

从表 5.4 的结果可以总结出以下结论：

对于占比大的应用类型(如 Moore_set 系列的 Web、Bulk)，MPNN 算法和其他的分类算法一样都具有较高的识别正确率。对于占比小的应用类型(如 Moore_set 系列的 MM、P2P、Game 等)，现有算法则表现出较低的识别正确率(60%或更低)。为了达到识别算法的总体正确率最大化，会把重点放在对大比例应用类型的识别上，因此类型数量在训练样本中产生不均衡性，造成了小比例类型应用的识别正确率偏低[11,13,14,16,17,25]。同时，文献[13]的研究表明，通过增加小比例类型协议在训练样本中的比例可以改进该类协议的识别正确率，但也造成了其他协议在训练样本中所占比例下降并且识别正确率降低，因此最终反而导致该算法整体识别正确率降低。与现有识别算法相比，MPNN 算法独立且平等地处理每个待识别的应用类型，故在小类型协议的识别效果上有明显改进。对于 Moore_set 系列的 Game 类型，以及 Noc_set 系列的 MM 类型，由于协议所包含的流记录数均小于 8，所以 MPNN 算法对其的识别效果仍较差。对于 Attack 类型，MPNN 算法对 Moore_set 系列的识别正确率约为 70%，虽然已明显高于现有文献中各识别算法的精度，但效果仍不理想。其原因有：首先，没有证据证明 Attack 类型一定可以与正常应用区分，因此将攻击作为一种应用进行分类的合理性有待研究；其次，Attack 类型所涵盖的攻击种类繁多，各攻击协议间行为差异较大，造成算法很难对其进行类型的行为特征归纳，也可能导致判别出现偏差。因此，对攻击类型的标记仍需要进行一些深入细致的工作。对于在样本集中流数较少的应用协议，不仅其识别正确率可能较低，且由各 Trace 真实错误率置信区间分析可见：对于未来在其他实例上的应用识别，该协议可能的识别误差也相对较大。例如，Trace Noc_set 系列的 Inter 类型所包含的流数小于 10，虽然识别的实验精度高于 P2P 协议，但是其在实用过程中识别正确率波动范围较大，并极有可能低于 P2P 类型。

5.4.3　训练集合大小对 MPNN 算法稳定性的影响

理论和实验研究表明，每种分类算法都需要一定规模的训练样本，并使其分布密集化，否则会造成训练后的分类模型产生偏差，从而影响识别的总体正确率。但训练样本过多也会增加训练过程中的系统开销，并给获取训练样本增加一定的负担。为了解决上述讨论的问题，本节研究训练样本数量对 MPNN 算法识别正确率的影响，讨论训练样本规模合理性，为 MPNN 算法的实际使用提供了一定的指导意义。

图 5.3 和图 5.4 为使用 MPNN 算法识别各 Trace 的总体正确率随训练样本流数变化趋势，其中，NBC 表示朴素贝叶斯分类；NBC+KERNEL+FCBF 表示先使用 FCBF 属性选择算法选择最优属性，然后采用带有核近似的 NBC 进行识别分类。横坐标所示的训练样本总数为对原始 Trace 进行随机抽取的样本所组成。由图可见，在各 Trace 中，样本存在不均衡性，过小的训练样本总数不能体现各应用流量总体分布的情况，不能保证训练样本的空间分布稠

密性，因此使用不全面的信息训练判别算法，会影响 MPNN 算法分类的准确性。而随着样本数量的增加，训练集所能提供的流量分布信息增多，总体正确率不断上升。

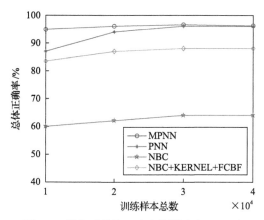

图 5.3　样本对总体正确率的影响(Noc_set)

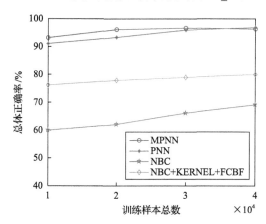

图 5.4　样本对总体正确率的影响(Moore_set)

　　识别正确率的增量随样本数的增多而减少。当识别总体正确率超过 80%时，总体正确率的增长随样本数量的增加逐渐放缓；当总体正确率超过 90%时，再增加训练样本的训练效果并不明显。

　　图 5.5 和图 5.6 为使用 MPNN 算法识别各 Trace 的标准差随训练样本流数量的变化趋势，实验结果表明随着训练样本总数的增大，标准差的波动变得平缓。这一现象在 MPNN 算法中表现尤其明显。

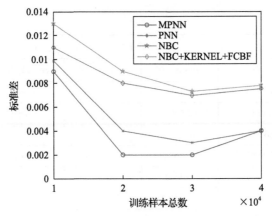

图 5.5　样本对标准差的影响（Noc_set）

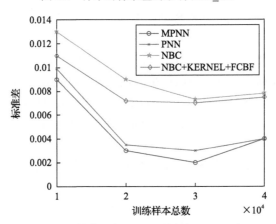

图 5.6　样本对标准差的影响（Moore_set）

表 5.5 针对 Moore_set 系列和 Noc_set 系列，给出了各应用类型训练样本数对自身识别正确率的影响。

表 5.5　各协议训练样本数和识别正确率关系

应用类型	识别正确率/%（Moore_set/Noc_set）				
	样本数=10^2	样本数=10^3	样本数=10^4	样本数=10^5	样本数=10^6
Bulk	79.28/62.38	95.27/79.81	98.23/92.41	—/—	—/—
Web	50.82/32.76	79.43/60.58	96.80/80.53	98.82/96.74	—/97.30
Mail	78.64/67.83	97.52/87.93	98.95/99.0	—/—	—/—
P2P	39.45/22.75	87.38/28.49	96.52/61.59	—/81.26	—/94.32

续表

应用类型	识别正确率/%（Moore_set/Noc_set）				
	样本数=10^2	样本数=10^3	样本数=10^4	样本数=10^5	样本数=10^6
Attack	17.41/—	54.37/—	70.35/—	—/—	—/—
DB	69.34/—	92.52/—	—/—	—/—	—/—
MM	86.28/—	98.47/—	—/—	—/—	—/—
Service	52.76/62.37	91.83/82.34	—/92.58	—/98.23	
INT	91.84/82.26	—/99.0	—/—	—/—	
VoIP	41.65/27.54	84.73/56.25	94.23/76.82	—/97.63	

注："—"表示无该应用流量。

由表 5.5 可知，训练样本数量越多的应用，其识别正确率越高；但是各应用类型达到某一识别正确率所需的训练样本数量各不相同，这与各应用的行为分布复杂程度相关。一般而言，传统的 Bulk、Mail 和 Service 类型的应用行为分布较为均一，故仅使用较少的训练样本便可达到需求的精度；P2P、VoIP、Attack 等类型的应用包含比较多新出现的协议，且行为的差异化较大，因此当训练样本数低于 10^4 时，各识别正确率普遍较低，且随着训练样本数的减少，识别正确率不断下降。

另外，与文献[13]中所提出的神经网络协议识别算法相比，MPNN 算法使用神经网络链中各子概率神经网络来处理单个应用，且各应用的识别相对独立，各应用的识别正确率与该应用所占的绝对数量有关。因此，当出现因缺少训练样本而导致识别正确率下降时，可考虑增加该应用训练样本的数量，以改善识别正确率，并提高整体流量的识别正确率。

5.4.4 MPNN 算法时空复杂度分析

一般而言，基于测度属性的在线网络流量识别算法过程包含四个阶段：报文采集、组流、测度计算和应用识别。本节将分析 MPNN 算法在各阶段的时间复杂度和空间复杂度。

设 m 为当前网络中单位时间内的并发流数，n 为单位时间内所有报文数，则 MPNN 算法的时间复杂度和空间复杂度分析如下：

(1)报文采集。报文采集过程的时间复杂度是报文数 n 的线性函数，即为 $O(n)$。MPNN 算法在进行各测度计算时不用事先对报文进行存储，因此空间复杂度为 $O(1)$。

(2)组流。MPNN 算法采用 hash 函数对流存在性进行判断,因而组流的时间复杂度主要取决于 hash 函数的设计。在本章 MPNN 算法实现中,hash 函数的设计使得最长的 hash 溢出链不超过 10 个单位,即整个组流过程的时间复杂度为 $O(n\times 1)=O(n)$。内存开销用于存储每个流的流标识,空间复杂度为 $O(m)$。

(3)测度计算。属性测度的时间复杂度分为两种情况:与时序无关的测度,如传输协议、高位端口、低位端口等,共 k_1 个,单个测度计算时间复杂度为 $O(1)$;与时序有关的测度,如 TCPflags 和各测度均值/方差等,共 k_2 个,单个测度计算时间复杂度为 $O(n/m)$。因此,所有测度计算的总时间复杂度为 $O(m\times k_1\times 1)+O[m\times k_2\times(n/m)]=O(m\times k_1)+O(n\times k_2)\leqslant O(n\times k)$,$k=k_1+k_2$。内存开销用于存储 k 个行为测度值,空间复杂度为 $O(k\times m)$。

(4)应用识别。MPNN 识别(MPNN_Identification)的时间复杂度为神经网络节点层数 1 和小神经网络个数 ρ(待识别协议的个数)的线性函数,当神经网络结构不变时(1 为常数),算法的时间复杂度为 $O(m\times 1\times\rho)=O(m\times\rho)$。内存开销用于存储所有权值和中间计算结果,为神经网络个数 ρ 的线性函数,即空间复杂度为 $O(\rho)$。

对以上四个过程进行总结,可得 MPNN 应用识别过程 MPNN 算法的总时空复杂度。

MPNN 算法的总时间复杂度为四个过程时间复杂度的和:$O(n)+O(n)+O(n\times k)+O(m\times\rho)=O(n\times k)+O(m\times\rho)$。MPNN 算法的总空间复杂度为四个过程空间复杂度的和:$O(1)+O(m)+O(k\times m)+O(\rho)=O(k\times m)+O(\rho)$。

表 5.6 以 Trace Noc_set 数据为例,进一步给出了不同训练和识别样本数量情况下,MPNN 训练(MPNN_Training)、以原始报文首部(pkt)为输入的 MPNN_Identification 和以流记录(flow)为输入的 MPNN_Identification 各过程的内存消耗和时间消耗。其中在时间消耗一栏,MPNN_Training 为整个训练过程的时间消耗,MPNN_Identification 为单流识别的平均时间。

表 5.6 MPNN 时间和内存消耗

流数	MPNN_Training		MPNN_Identification(pkt)		MPNN_Identification(flow)	
	内存消耗/MB	时间消耗/s	内存消耗/MB	时间消耗/μs	内存消耗/MB	时间消耗/μs
10^3	0.95	32.07±5.20	118.24	204.63±12.58	0.90	16.63±3.24
10^4	0.95	275.16±7.12	214.48	284.72±16.36	0.90	15.54±2.44
10^5	0.95	3515.27±15.24	315.69	337.54±23.57	0.90	15.94±0.96
10^6	0.95	36176.4±159.27	332.22	345.26±29.84	0.90	14.98±0.70

MPNN_Training 采用了文献[22]的算法进行迭代训练，内存消耗仅为 0.95MB，而当训练网络流数增多时，训练过程内存消耗基本不变，时间消耗随网络流数量的增多而增长。由表 5.6 可知，使用 Moore_set 系列，当训练样本数为 10^4 和 10^5 时，MPNN_Training 算法分别需要约 5min 和 58min 的训练时间使识别模型达到最优的准确率。而文献[14]中的神经网络算法当训练样本数为 3.78×10^4 和 1.89×10^5 时，分别需要约 3h 和 39h 才能达到 93.1% 和 95.3% 的准确率。MPNN 算法为了使期望误差达到最小，迭代过程相对增加，因此其训练过程中的效率与以往的神经网络算法相比高出一个数量级。

从两种输入记录对 MPNN 识别算法进行分析。一方面，若以网络流记录信息作为 MPNN_Identification 的输入，则应用识别的时空复杂度仅包含时空复杂度的"应用识别"。由表 5.6 中对于流作为输入记录的实验结果可见，此过程时间和内存消耗基本为定值，当网络流数较少时，识别初始化等工作占总时间消耗比例较大，因此平均流识别时间略长。

另一方面，若以原始报文作为 MPNN_Identification 的输入，则应用识别的时间复杂度和空间复杂度是上述描述的四个过程的累加。内存消耗的增长主要由报文采集和存储当前未结束的流各属性测度所引起，时间消耗的增长主要由报文采集、流存在性查找和测度计算所引起。

更进一步地，由上述对 MPNN 训练及识别过程总时间复杂度的理论分析可知，识别各协议的神经网络彼此之间相对独立，因此可使用多线程技术将各概率神经网络的计算绑定且并发于多个 CPU 核或多台机器上，待各神经网络计算结束后进行结果汇总和输出，以进一步提高 MPNN 应用识别的效率。表 5.7 为在单台计算机上使用不同的并发线程数进行实验的结果，实验数据为 Noc_set，训练样本数为 10^6。

表 5.7 输入为流记录时多线程 MPNN 算法的时间和内存消耗

并发线程数	MPNN_Training		MPNN_Identification（pkt）		MPNN_Identification（flow）	
	内存消耗/MB	时间消耗/s	内存消耗/MB	时间消耗/μs	内存消耗/MB	时间消耗/μs
2	2.04	16031.4±87.24	434.19	342.82±17.27	2.06	9.69±0.71
4	4.56	8735.61±48.76	456.46	322.53±9.10	4.60	5.20±0.62
6	6.68	8316.15±41.52	476.38	331.29±8.34	6.72	4.57±0.76
8	8.24	6083.31±69.83	491.67	367.24±7.62	8.66	5.11±0.53

通过分析表5.7中所示的MPNN算法时间消耗和内存消耗,可以总结如下:

(1) MPNN 算法训练过程的内存消耗随并发线程数的增加而增大且呈现线性趋势,时间消耗随并发线程数的增加而减少。

(2) 以报文为输入的识别过程的内存消耗也随并发线程数的增加而增大,而时间消耗则随线程数的增加而减少。当 MPNN_Identification 的输入为原始报文时,时间消耗和内存消耗主要由报文采集、组流和测度计算过程所引起。表 5.7 中对于输入为原始报文时所消耗的时间和内存随线程数的变化并不明显,主要因为本节所采用的算法未把报文采集、组流和测度计算三个过程进行并发处理。

(3) 以流记录为输入的识别过程的内存消耗也随并发线程数的增加而增大且呈现线性趋势,而时间消耗同样随线程数的增加而减少。多线程技术可以极大地缩减 MPNN 算法识别过程的总时间消耗。

5.5 本 章 小 结

随着网络技术的不断发展以及带宽的不断提高,网络业务的多样化带来了应用类型的复杂性,因此高精度、高效率的流量识别已经成为网络观测和研究中一项重要的研究课题。本章分析了当前应用识别的相关研究中所存在的问题,提出了一种高效的应用识别算法——MPNN。与单神经网络模式和单一的分类模型不同,MPNN 算法采用多个概率神经网络模块来处理每个待识别的应用类型,因此可有效地规避单一分类模型对每个待识别的应用类型的偏好性,更能体现每个应用本身的行为特征;并在模块内部使用基于最小风险贝叶斯的算法代替传统的 BP 算法,使用 T 函数来代替传统的 Sigmoid 函数。实验结果表明,MPNN 算法与其他传统的识别算法相比表现出较高的识别正确率,以及较低的时间复杂度和空间复杂度。

参 考 文 献

[1] Moore A W, Papagiannaki K. Toward the accurate identification of network applications[C]. International Workshop on Passive and Active Network Measurement, Berlin, 2005: 41-54.

[2] Kim M S, Won Y J, Hong J W K. Application-level traffic monitoring and an analysis on IP networks[J]. ETRI Journal, 2005, 27(1): 22-42.

[3] McGregor A, Hall M, Lorier P, et al. Flow clustering using machine learning techniques[C]. International Workshop on Passive and Active Network Measurement, Berlin, 2004: 205-214.

[4] Erman J, Arlitt M, Mahanti A. Traffic classification using clustering algorithms[C]. Proceedings of the SIGCOMM Workshop on Mining Network Data, Pisa, 2006: 281-286.

[5] Erman J, Mahanti A, Arlitt M. QrP05-4: Internet traffic identification using machine learning[C]. IEEE Globecom, San Francisco, 2006: 1-6.

[6] Karagiannis T, Papagiannaki K, Faloutsos M. BLINC: Multilevel traffic classification in the dark[C]. Proceedings of the Conference on Applications, Technologies, Architectures, and Protocols for Computer Communications, Philadelphia, 2005: 229-240.

[7] Roughan M, Sen S, Spatscheck O, et al. Class-of-service mapping for QoS: A statistical signature-based approach to IP traffic classification[C]. Proceeding of ACM SIGCOMM Conference on Internet Measurement, Taormina, 2004: 135-148.

[8] Zander S, Nguyen T, Armitage G. Self-learning IP traffic classification based on statistical flow characteristics[C]. International Workshop on Passive and Active Network Measurement, Heidelberg, 2005: 325-328.

[9] Zander S, Williams N, Armitage G. Internet archeology: Estimating individual application trends in incomplete historic traffic traces[C]. Passive and Active Measurement Workshop, Adelaide, 2006: 205-206.

[10] Grimaudo L, Mellia M, Baralis E, et al. Select: Self-learning classifier for internet traffic[J]. IEEE Transactions on Network and Service Management, 2014, 11(2): 144-157.

[11] Moore A W, Zuev D. Internet traffic classification using Bayesian analysis techniques[C]. Proceedings of the ACM SIGMETRICS International Conference on Measurement and Modeling of Computer Systems, Banff, 2005: 50-60.

[12] Auld T, Moore A W, Gull S F. Bayesian neural networks for internet traffic classification[J]. IEEE Transactions on Neural Networks, 2007, 18(1): 223-239.

[13] Li W, Canini M, Moore A W, et al. Efficient application identification and the temporal and spatial stability of classification schema[J]. Computer Networks, 2009, 53(6): 790-809.

[14] Rizzi A, Iacovazzi A, Baiocchi A, et al. A low complexity real-time internet traffic flows neuro-fuzzy classifier[J]. Computer Networks, 2015, 91: 752-771.

[15] Divakaran D M, Su L, Liau Y S, et al. Slic: Self-learning intelligent classifier for network traffic[J]. Computer Networks, 2015, 91: 283-297.

[16] Yoon S H, Park J S, Choi J H, et al. Http traffic classification based on hierarchical signature structure[J]. IEICE Transactions on Information and Systems, 2015, 98(11): 1994-1997.

[17] Kim M S, Won Y J, Hong J W. Characteristic analysis of internet traffic from the perspective of flows[J]. Computer Communications, 2006, 29(10): 1639-1652.

[18] Specht D F. Probabilistic neural networks[J]. Neural networks, 1990, 3(1): 109-118.

[19] Diamantini C, Potena D. Bayes vector quantizer for class-imbalance problem[J]. IEEE Transactions on Knowledge and Data Engineering, 2008, 21(5): 638-651.

[20] Prakasa R B. Nonparametric Functional Estimation Academic Press[M]. Orlando: Academic Press, 1983.

[21] Moore A, Zuev D, Crogan M. Discriminators for use in flow-based classification[R]. London: Queen Mary University of London, 2013.

[22] Levandoski J, Sommer E, Strait M. L7-filter, application layer packet classifier for Linux[EB/OL]. http://l7-filter.sourceforge.net[2009-01-07].

[23] Hecht-Nielsen R. Kolmogorov's mapping neural network existence theorem[C]. Proceedings of the International Conference on Neural Networks, New York, 1987: 11-14.

[24] Ian H W, Eibe F. Data Mining: Practical Machine Learning Tools and Techniques[M]. 2nd edition. San Francisco: Morgan Kaufmann Publishers, 2005.

[25] Wafa S, Naoum R. Development of genetic-based machine learning for network intrusion detection[J]. World Academy of Science, Engineering and Technology, 2009, 55: 20-24.

第 6 章　加密 SKYPE 流量在线识别算法

6.1　引　　言

随着网络带宽的增长，网络行为模式愈发复杂，出现了一系列新的网络应用。在网络管理领域，网络流量识别是当前研究的热点。SKYPE 是一种专用的通信软件，是提供网络计费策略和区分服务的重要基础。对用户与 SKYPE 服务器或用户之间的通信内容进行加密，基于端口号和特征的检测算法将很难有效识别 SKYPE 流量。目前，对 SKYPE 流量识别的研究主要集中在特征和通信机制上。Korczynski 等[1]提出了用于识别安全套接字层/传输层安全(secure sockets layer/transport layer security, SSL/TLS)会话中传输的应用流量的随机指纹算法。Molnár 等[2]提出了一种识别算法，允许用户发现登录的 SKYPE 用户及其语音通话。Adami 等[3]提出了实时识别 SKYPE 流量的 SKYPE-Hunter 算法。Lu 等[4]研究了网络端点的入口流量特性和出口流量特性以及 P2P 特征，并提出识别 SKYPE 流量的算法。但是，该算法必须满足网络拓扑端点已知的条件，并且需要符合获得单端点流量的要求。然而，这些条件在现实的网络环境中难以满足，使得该算法的实用性受到一定的限制。Bonfiglio 等[5]指出了 SKYPE 依靠两种方式来传输 VoIP 应用数据：一种是端到端(end to end, E2E)，即在两个端点之间传输 VoIP 数据；另一种是端到电话(end to phone, E2P)，即在端点与传统公共交换电话网络(public switched telephone network, PSTN)之间传输数据。所提出的算法是首先采用 x^2 分类器对加密后的网络流量进行识别，然后采用贝叶斯分类器结合实时流量特征对 SKYPE 流量进行识别。该算法没有考虑到实验网络环境下网络流量较小和 SKYPE P2P 的特点，因此其实验结果很难得到充分的解释。Yuan 等[6]揭示了 SKYPE UDP 流的唯一序列签名，并实现了一个名为 Skytracer 的实用在线系统，用于精确识别 SKYPE 流量。其中，朴素贝叶斯分类(naive Bayes classification, NBC)在流量识别中得到了广泛的应用[7]，旨在改善朴素贝叶斯算法的识别正确率问题。

本章的组织结构如下：6.2 节和 6.3 节分别简单介绍 SKYPE 流量识别算法和朴素贝叶斯算法；6.4 节介绍贝叶斯更新、算法流程以及流抽样对网络流量行为特征的影响分析；6.5 节介绍实验采用的数据集、实验的评价标准以及报文抽样对 SKYPE 网络流量识别的影响；6.6 节对本章内容进行总结。

6.2　传统的机器学习加密流量识别算法

机器学习的目标是确定采样数据并且建立学习分类器，然后通过构建分类器对测试样本进行分类。机器学习已经被应用到网络流量的识别中以解决深层数据报检测算法无法识别加密流量的问题，常用的算法包括 NB、BayesNet 等。Jun 等[8]提取了相关的特征和所使用的遗传算法选择功能，然后通过贝叶斯网络来识别 P2P 流量。实验表明，与之前的算法相比，K2 算法、TAN 算法和 BAN 算法取得了较好的分类精度和更快的分类速度。然而，这种基于概率的学习算法过于依赖样本空间的分布。Xu 等[9]提出了一种 SVM 算法，并与 NB 算法、NBK 算法、NB+FCBF 算法和 NBK+FCBF 算法进行了对比分析。实验结果表明，SVM 算法的整体识别正确率优于 NB 算法，较 NBK+FCBF 算法具有更好的优化策略，有效避免了不稳定因素的影响，并在处理流量分类问题上优势明显。Zhang 等[10]为进一步提高分类性能提出了一种新的网络流量分类方案，实验结果表明，该方案只需较少的训练样本就能达到比现有的流量分类算法更好的分类性能。Peng 等[11]首先采用互信息分析前 n 个数据包提供的流信息，并对每对相邻数据包进行相关分析，找出特征冗余；然后使用 11 种著名的监督学习算法对 Auckland Ⅱ 数据集、UNIBS 数据集包含(SKYPE 流量)和 UJN 中不同数量的数据包进行多次交叉识别实验；最后对实验结果进行统计检验，以确定最佳数据包数量。Qin 等[12]使用数据包大小分布的算法来捕捉流动态信息，其被定义为在一个双向流分组的有效载荷长度分布概率。Mongkolluksamee 等[13]建议合并提取图形来识别移动设备应用程序数据报的大小分布和通信模式。对五个流行的移动应用程序(Facebook、Line、SKYPE、YouTube 和 Web)的验证结果表明，在 3min 内随机取样 50 个数据报时，可以获得较好的实验结果，其 F 度量的值能达到 0.95。然而，该数据集的时效性问题仍然没有得到有效解决。

基于机器学习的加密流量识别算法框架如图 6.1 所示。首先要进行数据集的采集，并通过数据标注形成标准加密流量数据集。然后采用属性选择算法对特征属性进行最优选取，将选取后的数据作为分类器的数据输入，通过训练这些数据构建分类模型。上述框架所设定的场景为基于 NetFlow 流记录的加密流量识别，因此采用组流的方式对在线数据进行处理，并作为已训练的分类器的输入，以实时在线地进行流量识别，并输出分类结果。

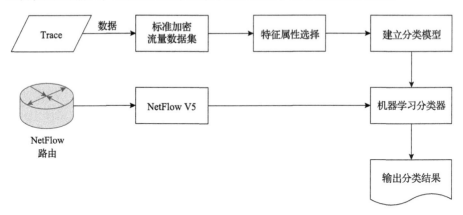

图 6.1　基于机器学习的加密流量识别算法框架

6.3　朴素贝叶斯算法

本节提出一种新的基于朴素贝叶斯分类方案，即 NetFlow 的流标识（NetFlow flow identification, NFI），有效地解决了数据集的及时性问题，另外仅用一小部分训练数据即可显著提高分类性能。下面首先介绍贝叶斯分类器，然后展示贝叶斯更新模型和算法。

朴素贝叶斯算法是一个简单的概率函数，此概率函数是在属性和类型之间通过贝叶斯统计并应用贝叶斯定理来实现的。对于网络流量的分类识别问题，假定网络流的类型为 $C = \{C_1, C_2, \cdots, C_n\}$，给定网络流的输入为 x，根据机器学习算法的原理和贝叶斯公式，本节首先建立贝叶斯网络流分类器。对于一系列给定的网络流类型 C 和任意网络流 x，基于贝叶斯公式，该网络流 x 属于类 C_j 的条件概率如下：

$$P(C_j \mid x) = \frac{P(x \mid C_j)P(C_j)}{P(x)} \tag{6.1}$$

式中，$P(C_j)$ 为类 C_j 的先验概率，表示类 C_j 所占整个流的比例；$P(x \mid C_j)$ 给出类型为 C_j 的网络流 x 的条件概率；$P(x)$ 为归一化常数，表示流 x 的边缘概率。

网络流 x 的属性特征向量可以被抽象为 $[A_1, A_2, \cdots, A_m]^T$，且 $C_j \in C$，

式(6.1)可以分解为

$$P(C_j \mid A_1, A_2, \cdots, A_m) \propto P(A_1, A_2, \cdots, A_m \mid C_j)P(C_j) \tag{6.2}$$

朴素贝叶斯分类器假设网络流的各个特征向量 A_i 相互独立且服从高斯分布,因此网络流 x 属于类 C_j 的条件概率满足

$$P(x \mid C_j) \propto \prod_{i=1}^{m} P(A_i \mid C_j) \tag{6.3}$$

且式(6.1)可进一步推导表示为

$$P(C_j \mid A_1, A_2, \cdots, A_k) = \frac{\prod_{i=1}^{k} P(A_i \mid C_j)P(C_j)}{\sum_{j=1}^{n} \prod_{i=1}^{k} P(A_i \mid C_j)P(C_j)} \tag{6.4}$$

然而,在实际网络流分类识别问题中,各网络流的特征属性相互独立且服从高斯分布的假设是不完全准确的,例如,整个网络数据的长度等于网络包头部的长度与网络数据负载长度之和,很显然这几个特征属性间存在依赖关系但不满足属性之间完全相互独立的假设。因此,可以应用 FCBF 特征选择算法以尽可能地使网络流特征数据满足贝叶斯分类器的假设,从而提高分类器应用的准确性和可信度。

6.4　贝叶斯更新网络模型

6.4.1　贝叶斯更新

模型建立后,随着应用时间的增长,新型网络应用也日益增多,原流量分类识别模型的分类正确率会有所下降。本节提出一种新的流量分类模型更新办法,在间隔一段时间后,使用新的网络数据集更新原始的网络分类模型,有助于提高原网络分类模型的分类查准率和稳定性。

对于一个新的数据集 $D_{new} = \{x_1, x_2, \cdots, x_n\}$,可以产生如下推导:

$$g(x \mid \mu, \sigma) = \frac{1}{\sqrt{2\pi}\sigma} \exp\left[-\frac{1}{2}\left(\frac{x-\sigma}{\sigma}\right)^2\right] \tag{6.5}$$

因为所有的数据属性都是假定相互独立的[14,15]，所以可得到

$$P(D_{new} \mid \mu, \sigma^2) = \prod_{i=1}^{n} P(x_i \mid \mu, \sigma^2)$$

$$= (2\pi\sigma^2)^{-\frac{n}{2}} \exp\left[-\frac{1}{2\sigma^2}\sum_{i=1}^{n}(x_i - \mu)^2\right] \qquad (6.6)$$

而且数据集 $D_{new} = \{x_1, x_2, \cdots, x_n\}$，则式(6.6)有如下关系：

$$P(x_1, x_2, \cdots, x_n \mid \mu, \sigma^2) \propto \frac{1}{\sigma^n} \exp\left[-\frac{1}{2\sigma^2}\sum_{i=1}^{n}(x_i - \mu)^2\right] \qquad (6.7)$$

如果有一个新的数据集 D_{new} 更新类的参数 c_i，那么模型在一定时间内的分类识别正确率可以得到改善，根据文献[14]，式(6.7)可以简化为

$$p''(c) = K \cdot L(c) p'(c) \qquad (6.8)$$

式中，$p''(c)$ 为后验概率分布；$L(c)$ 为似然函数；$p'(c)$ 为先验概率；K 为归一化常数；c 为新类型的集合。

根据基于高斯分布的共轭贝叶斯理论，可以得到

$$p'(c) \sim N(\mu_0, \delta_0)$$

$$L(c) \sim N(\mu^*, \delta^*)$$

$$p''(c) \sim N(\mu^\circ, \delta^\circ)$$

式中，μ_0 为先验均值；δ_0^2 为先验方差；$\mu^\circ = \dfrac{\mu''\delta^2 + \mu_0\delta^{*2}}{\delta_0^2 + \delta^{*2}}$；$\delta^\circ = \dfrac{\delta_0^2\delta^{*2}}{\delta_0^2 + \delta^{*2}}$。

因此，当考虑到新的数据集时，一个新的概率分布的统计分类模型可以通过 6.4.2 节的算法流程获得，新的数据信息被用来更新统计模型的预测，以提高网络分类识别模型的总体正确率，并能减少系统开销，其整体性能也得到了相应提升。

6.4.2 算法流程

贝叶斯更新算法的步骤概括如下：

(1)构造贝叶斯分类器；

(2)考虑参数的随机性，通过数值模拟实现概率模型；

(3)训练分类识别模型；

(4)获取新的数据集用以更新模型；

(5)分析测度属性集合，假设其服从正态分布，得到新的样本均值和方差；

(6)获取参数类 c 的后验概率分布，最后得到新的流量分类预测结果。

其算法伪代码流程如下。

算法 6.1　贝叶斯更新算法

---

1. //输入参数 $F[7,4]$ 为不同类型的应用流

2. 　$T = 0; flow\_num = 0$

3. 　//对于新到达流，确定其起始流超时时间 T

4. 　nb = ConClassifier(F[index], t)

5. 　//构造朴素贝叶斯分类器

6. 　$t = \{t_1, t_2, \cdots, t_7\}$　　　//t 为应用类型

7. **LABEL: CONTINUE**

8. 　**while**（在时间 T 内，该流有数据包到达）

9. 　　flow_num++

10. 　　new_data = groupflow(traffic)

11. 　　new_classifier = train(new_data)

12. 　　//训练新数据得到新的分类模型

13. 　　new_Mean = Get_Mean(new_data)

14. 　　new_Variance = Get_Variance(new_data)

15. 　　//获取新的样本均值和方差

16. **end while**

算法 6.2　NFI 算法

输入：来自网络的整个数据报

输出：分类结果

1. 收集来自网络的整个数据报

2. 通过对流分组获得集合 $\bar{F}$

3. 更新每个指标的值

4. 　**for** 1 to j **do**

5. 　　**if** $f \in \bar{F}$ **then**

6.	$\overline{F}_{\text{new}} = \text{FCBF}(\overline{F})$
7.	通过特征选择算法从 $\overline{F}$ 中获得新的度量
8.	贝叶斯更新分类器 = 贝叶斯更新训练($\overline{F}_{\text{new}}$)
9.	结果=贝叶斯更新分类器($\overline{F}_{\text{new}}$)
10.	返回结果
11.	**end if**
12.	**end for**

6.4.3　流抽样对网络流量行为特征的影响分析

为了分析方便,本节主要给出了常见测度的定义,以及抽样情况下各测度的误差估计。

定义 6.1　抽样流:指对原始报文流以概率 $p = 1/N$ 进行概率抽样后按流规范所得到的报文集合。

定义 6.2　流长(flow length):指流中所包含的报文数。

定义 6.3　流大小(flow size):指流中所包含的所有报文字节数的累加。

在所有流属性中,端口号是一个完全不受抽样影响的属性。假设 p 为抽样率,流长为 n,当采用随机抽样时,不被抽取到的概率即为 $(1-p)^n$。

1. Tcpflag

Tcpflag 是 NetFlow 等流记录可以提供的字段。当采用随机抽样时,任一报文被抽中的概率为 p,且相互独立。设一条长度为 n 的流中带有某 Tcpflag 的报文数量为 $m(m \leqslant n)$,则该标记未被抽到(输出的流记录中不带有该标记)的概率为 $(1-p)^m$。

引理6.1　对于一个长度为 m 的流,其所产生的绝对误差期望为 $f-1+(1-p)^m$。

证明

$$
\begin{aligned}
E(f - \hat{f}) &= f - E(\hat{f}) \\
&= f - \left[1 - (1-p)^m \right] \\
&= f - 1 + (1-p)^m
\end{aligned}
$$

引理得证。

由上式可知,当 $f = 1$ 时,所产生的绝对误差期望为 $(1-p)^m$;只有当 $f = 0$

时，才能得出 $E(f - \hat{f}) = 0$，因此 f 是有偏的。

2. 流长

引理 6.2　设抽样的比率为 p，当一个流长为 l 的原始流被抽样后的报文数为 l_{sampled} 时，l_{sampled} 服从一个属于 $B(l, p)$ 的二项分布，且其均值和方差分别为 l 和 $\dfrac{1}{p} l(1 - p)$。

证明

假设从流长为 l 的原始流中抽样 l_{sampled} 个报文，$\hat{l} = \dfrac{l_{\text{sampled}}}{p}$，则有

$$E(\hat{l}) = E\left(\frac{l_{\text{sampled}}}{p}\right) = \frac{1}{p} E(l_{\text{sampled}}) = \frac{1}{p} lp = l$$

式中，$\hat{l}$ 为流长为 l 的无偏估计；$E(\hat{l})$ 用于求取 $\hat{l}$ 的均值。其中，$\hat{l}$ 的方差表示为

$$\text{var}(\hat{l}) = \text{var}\left(\frac{l_{\text{sampled}}}{p}\right) = \frac{1}{p^2} \text{var}(l_{\text{sampled}}) = \frac{1}{p^2} lp(1 - p) = \frac{1}{p} l(1 - p)$$

其相对误差的方差为

$$\text{var}\left(1 - \frac{\hat{l}}{l}\right) = \text{var}\left(\frac{\hat{l}}{l}\right) = \frac{1}{l^2} \text{var}(\hat{l}) = \frac{1}{l^2 p} l(1 - p) = \frac{1}{lp}(1 - p)$$

3. 流大小

引理 6.3　一个流的原始流大小为 s，$s = \sum\limits_{i=1}^{n} s_i$，其中 s_i 代表彼此相互独立的报文的大小，n 代表流中报文的个数，可得 s 的无偏估计 $\hat{s}$ 为

$$\hat{s} = \sum_{i=1}^{n} t_i \frac{s_i}{p}$$

式中，$t_i \in \{0,1\}$ 属于伯努利随机变量，能证明 $\hat{s}$ 是 s 的无偏估计，证明如下：

$$E(\hat{s}) = E\left(\sum_{i=1}^{n} t_i \frac{s_i}{p}\right) = \frac{1}{p} E\left(\sum_{i=1}^{n} t_i s_i\right) = \frac{1}{p} \sum_{i=1}^{n} E(t_i s_i)$$

$$= \frac{1}{p} \sum_{i=1}^{n} s_i E(t_i) = \frac{1}{p} p \sum_{i=1}^{n} s_i$$

$$= s$$

$\hat{s}$ 的方差表示为 $\mathrm{var}(\hat{s})$，则求解过程如下：

$$\mathrm{var}(\hat{s}) = \mathrm{var}\left(\sum_{i=1}^{n} t_i \frac{s_i}{p}\right) = \frac{1}{p^2} \mathrm{var}\left(\sum_{i=1}^{n} t_i s_i\right) = \frac{1}{p^2} \sum_{i=1}^{n} \mathrm{var}(t_i s_i)$$

$$= \frac{1}{p^2} \sum_{i=1}^{n} s_i^2 \mathrm{var}(t_i) = \frac{1}{p^2} \sum_{i=1}^{n} s_i^2 p(1-p)$$

$$= \frac{p-1}{p} \sum_{i=1}^{n} s_i^2$$

相对误差的方差为

$$\mathrm{var}\left(1 - \frac{\hat{s}}{s}\right) = \mathrm{var}\left(\frac{\hat{s}}{s}\right) = \frac{1}{s^2} \mathrm{var}(\hat{s}) = \frac{1}{s^2} \frac{1-p}{p} \sum_{i=1}^{n} s_i^2$$

$$= \frac{p-1}{p} \frac{\sum_{i=1}^{n} s_i^2}{\sum_{i=1}^{n} s_i}$$

4. 流持续时间

流持续时间是指流中第一个报文到达时间和最后一个报文到达时间的差，表示为 $f_d = t_n - t_1$，其中 t_n 和 t_1 分别代表最后一个报文到达时间和第一个报文到达时间。而在抽样环境下，$\overline{f}_d$ 为 f_d 的估计，表示为 $\overline{f}_d = t_b - t_a$，其中 t_b 和 t_a 分别表示抽样环境下最后一个报文到达时间和第一个报文到达时间：

$$E(\overline{f}_d) = E(t_b - t_a) = E(t_b) - E(t_a) = E\left(t_n - \sum_{i=b}^{n} \mathrm{iat}_i\right) - E\left(t_1 + \sum_{i=1}^{n} \mathrm{iat}_i\right)$$

$$= (t_n - t_1) - \left[E\left(\sum_{i=b}^{n} \mathrm{iat}_i\right) + E\left(\sum_{i=1}^{a} \mathrm{iat}_i\right)\right]$$

式中，$E(\overline{f}_d)$ 表示对 $\overline{f}_d$ 求平均值；iat_i 为第 i 个报文和第 $i-1$ 个报文到达的时间间隔。

通过以上对几个常见测度属性的理论分析，可推导出相应的误差期望或误差方差，在此定义为相应测度的相对误差度（degree of relative error, DRE）：

$$\mathrm{DRE} = \begin{cases} E\left(M_i - \overline{\overline{M}}_i\right), & \text{测度} M_i \text{有偏} \\[2mm] \mathrm{var}\left(\dfrac{M_i - \overline{\overline{M}}_i}{M_i}\right), & \text{测度} M_i \text{无偏} \end{cases} \tag{6.9}$$

式中，M_i 为流中某测度；$\overline{\overline{M}}_i$ 为抽样环境下的某测度；i 为测度的标号。

在真实的流量环境下，若要评估某测度的相对误差度，则引入平均相对误差度（average degree of relative error, ADRE）的概念：

$$\mathrm{ADRE} = \begin{cases} \displaystyle\sum_{k=1}^{n} E_k\left(M_i - \overline{\overline{M}}_i\right) / n, & \text{测度} M_i \text{有偏} \\[4mm] \displaystyle\sum_{k=1}^{n} \mathrm{var}_k\left(\dfrac{M_i - \overline{\overline{M}}_i}{M_i}\right) / n, & \text{测度} M_i \text{无偏} \end{cases} \tag{6.10}$$

式中，n 为流数目；$E_k\left(M_i - \overline{\overline{M}}_i\right)$ 为当测度 M_i 有偏时，编号为 k 的流第 i 个测度 M_i 的相对误差；$\mathrm{var}_k\left(\dfrac{M_i - \overline{\overline{M}}_i}{M_i}\right)$ 为当测度 M_i 无偏时，编号为 k 的流第 i 个测度 M_i 的相对误差。

6.5　实　　验

6.5.1　实验性能衡量

本节使用查准率、查全率、总体正确率和标准差对所提算法进行性能评估和有效性验证，其中，查准率、查全率和总体正确率计算公式见式（2.12）～式（2.14），标准差计算公式见式（5.7）。

6.5.2　实验数据集

实验所采用的 Trace 如表 6.1 所示，其中 Trace1 和 Trace2 采集于都灵理工大学的实验室[15]，这些数据包括学生、教师和管理人员的网络用户数据，采集时间为 2006 年 5 月 10 日和 6 月 20 日之间的 96h。Trace3 数据采集于西班牙马德里自治大学实验室[16,17]，数据来自多个应用程序的 2200 个 P2P 数据报文，采集时间为 2018 年 8 月。Trace4 数据来自西班牙通信提供商的连续 18h 数据，采集时间为 2019 年 6 月，并采用文献[18]中提出的技术对数据进行了处理。

表 6.1　实验采用的 Trace

Trace	采集时间	采集持续时间/h	带宽	报文数	字节数
Trace1	2006 年 5 月 10 日 14:00	96	1GB×2×3	3120	640
Trace2	2006 年 6 月 20 日 15:00	96	1GB×2×3	3120	640
Trace3	2008 年 8 月 20 日 16:00	20	1GB×2×3	3120	640
Trace4	2009 年 6 月 14 日 09:00	18	2.5GB×2	846	138.1

为了衡量所提出算法的有效性，这里将上述 Trace 进行进一步处理，测度属性如表 6.2 所示[19]。

表 6.2　本算法所用的测度属性

编号	测度	测度描述
1	双向报文数	前向和后向的报文数之和
2	双向字节数	前向和后向的字节数之和
3	平均报文长度	双向字节数/双向报文数
4	流持续时间	流结束时间–流开始时间
5	tos	NetFlow 中双向 tos 的或操作
6	tcpflags1	某一方向流的 tcpflags
7	tcpflags2	另一方向流的 tcpflags
8	传输协议	NetFlow 直接得到
9	低位端口	NetFlow 直接得到
10	高位端口	NetFlow 直接得到
11	每秒报文数	报文数/持续时间
12	每秒字节数	字节数/持续时间

续表

编号	测度	测度描述
13	平均报文到达时间	持续时间/报文数
14	双向报文数比	流中双向报文数的比
15	双向字节数比	流中双向字节数的比
16	双向报文长度比	流中双向报文长度的比
17	FIN flag count	带有 FIN 标志位的报文数
18	SYN flag count	带有 SYN 标志位的报文数
19	RST flag count	带有 RST 标志位的报文数
20	PSH flag count	带有 PSH 标志位的报文数
21	ACK flag count	带有 ACK 标志位的报文数
22	URG flag count	带有 URG 标志位的报文数

6.5.3　报文抽样对 SKYPE 网络流量识别的影响

本节从两种不同的抽样比（1∶10 和 1∶128、1∶256、1∶512、1∶1024）分析报文抽样对 SKYPE 网络流量识别的影响。

首先分析其对网络流量分布的影响。如图 6.2 所示，以测度属性流长、流大小、流持续时间为例，实验结果显示了抽样比为 1∶10 时，随着流长、流大小和流持续时间的增加，累积分布函数（cumulative distribution function，CDF）曲线均呈现上升趋势。当流长、流大小和流持续时间的值小于 10 时，相应的分布概率分别为 0.95、0.9 和 0.9。

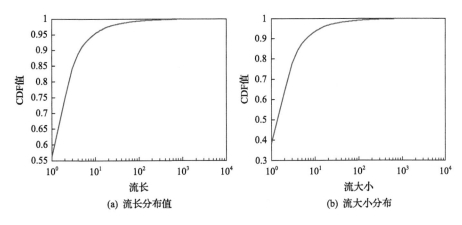

(a) 流长分布值　　　　　　　　　(b) 流大小分布

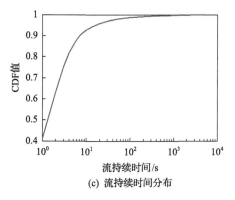

（c）流持续时间分布

图 6.2　三个测度的流量分布（CDF）

从图 6.3～图 6.5 的实验结果可知，当抽样比为 1 : 256 时，尽管流的行为和未抽样时几乎一样，但流测度本身有很明显的变化，据此将 1 : 256 作为下面实验时所采用的默认抽样策略。

为了进一步衡量 NB、KNN、流袋-朴素贝叶斯（bag of flow-naive Bayes, BOF-NB）、粒子群优化-径向基函数（particle swarm optimization-radial basis function, PSO-RBF）[20]、NFI 这五种算法的性能，将 SU 和 FCBF 作为属性选择策略，利用十折交叉验证法衡量实验结果。

下面从流长、流大小和流持续时间三个方面来观测评估五种算法的性能。图 6.6、图 6.7 和图 6.8 分别为不同流长、流大小和流持续时间下五种算法的假阳率（false positive rate, FPR）、假阴率（false negative rate, FNR）、真阳率（true positive rate, TPR）和真阴率（true negative rate, TNR）的值，图中横坐标等间距

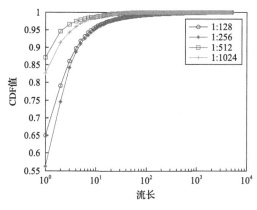

图 6.3　不同抽样比对流长的影响

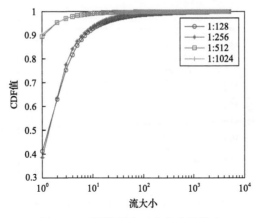

图 6.4　不同抽样比对流大小的影响

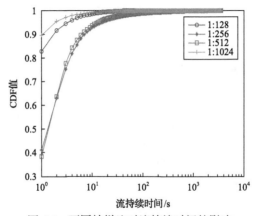

图 6.5　不同抽样比对流持续时间的影响

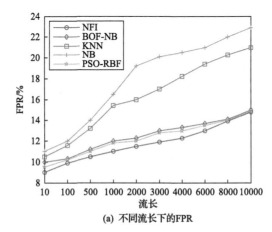

(a) 不同流长下的FPR

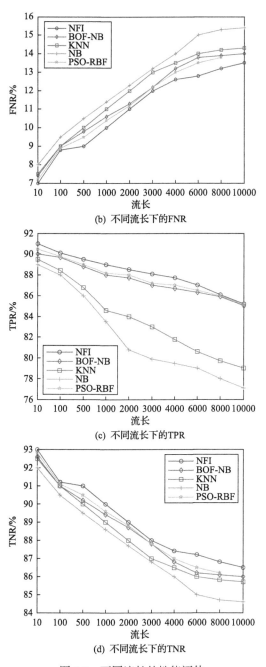

(b) 不同流长下的FNR

(c) 不同流长下的TPR

(d) 不同流长下的TNR

图 6.6 　不同流长的性能评估

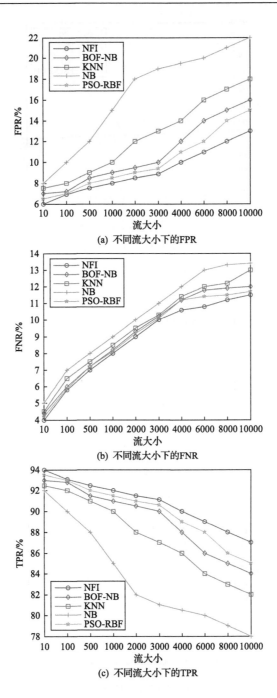

(a) 不同流大小下的 FPR

(b) 不同流大小下的 FNR

(c) 不同流大小下的 TPR

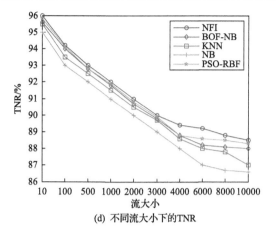

(d) 不同流大小下的TNR

图 6.7　不同流大小的性能评估

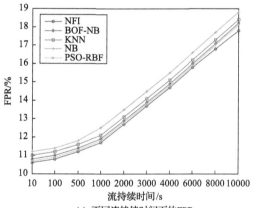

(a) 不同流持续时间下的FPR

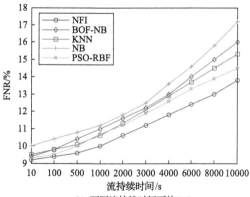

(b) 不同流持续时间下的FNR

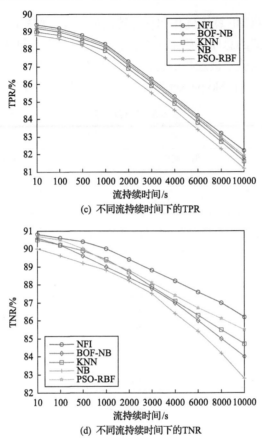

(c) 不同流持续时间下的TPR

(d) 不同流持续时间下的TNR

图 6.8　不同流持续时间的性能评估

刻度表示不等的数据。从图中的结果可知，随着流长、流大小和流持续时间的不同，各算法的 FPR 值、FNR 值、TPR 值和 TNR 值有不同的变化，随着训练样本的增加，FPR 和 FNR 的值也在不断增加；本章所提出的 NFI 算法的 FPR 值和 FNR 值均小于另外四种算法，这表明与其他算法相比 NFI 算法的误报率较低。另外，TPR 和 TNR 值不断降低，且 NFI 算法比其他四种算法都要高，这表明所提出的算法在检测率上高于其他算法。从这两个结论可以得出，NFI 算法的总体性能优于其他四种算法。通过分析得到：由于 NFI 算法采用了贝叶斯更新机制，将新的数据采用更新机制进行更新并产生新的训练数据集，并构建新的模型，所以有利于算法总体性能的提升。

接着采用 SU 和 FCBF 特征选择算法对测度进行排序，并计算特征列 SU 的 FCBF 的最大值和最小值。如果值相同，则删除该值，只保留 FCBF 较大的特征,然后利用 FCBF 算法优化和合并特征列,结果如表 6.3 所示。从理论上说,这些特征对流的总体正确率影响更大。采用 FCBF 算法后将获得较高的正确率。在本次实验中被选择的特征分别是 ID 值为 9、12 和 14 的特征,这些特征分别来自 22 个 Skype_set 特征集,详细信息显示在表 6.2 中。

表 6.3　选择的特征

编号	特征	SU
9	低位端口	0.7112518
12	每秒字节数	0.2498672
14	双向报文数比	0.1655624

表 6.4 显示分析 760 个数据包之后获得的最终结果。对大多数 SKYPE 的流量来说,NFI 算法能达到 93.6%的查准率,表明其具有较好的识别效果。

表 6.4　算法的性能分析

算法	查准率/%	查全率/%	总体正确率/%	F 测量值/%
NFI	93.6	94.0	96.7	94.6
NB	91.3	92.5	93.2	91.9
KNN	92.2	92.8	93.8	92.5
PSO-RBF	93.2	93.8	95.9	93.5
BOF-NB	92.8	93.4	94.8	93.2

6.6　本　章　小　结

流量识别是网络流量管理的一个核心问题。本章构建了标准 Skype_set 数据集,在此基础上提出了流量特征集,并提出基于贝叶斯更新机制的 NFI SKYPE 的流量识别模型。结果表明,与其他算法相比,本章所提出的算法能取得更高的识别正确率。

参 考 文 献

[1] Korczynski M, Duda A. Markov chain fingerprinting to classify encrypted traffic[C]. IEEE Conference on Computer Communications, Toronto, 2014: 781-789.

[2] Molnár S, Perényi M. On the identification and analysis of Skype traffic[J]. International Journal of Communication Systems, 2011, 24(1): 94-117.

[3] Adami D, Callegari C, Giordano S, et al. Skype-Hunter: A real-time system for the detection and classification of Skype traffic[J]. International Journal of Communication Systems, 2012, 25 (3): 386-403.

[4] Lu L, Horton J, Safavi-Naini R, et al. Transport layer identification of Skype traffic[C]. International Conference on Information Networking, Berlin, 2007: 465-481.

[5] Bonfiglio D, Mellia M, Meo M, et al. Revealing Skype traffic: When randomness plays with you[C]. Proceedings of the Conference on Applications, Technologies, Architectures, and Protocols for Computer Communications, Kyoto, 2007: 37-48.

[6] Yuan Z L, Du C L, Chen X X, et al. Skytracer: Towards fine-grained identification for Skype traffic via sequence signatures[C]. International Conference on Computing, Networking and Communications, Honolulu, 2014: 1-5.

[7] de Donato W, Pescapé A, Dainotti A. Traffic identification engine: An open platform for traffic classification[J]. IEEE Network, 2014, 28 (2): 56-64.

[8] Li J, Zhang S Y, Wang H Y, et al. Peer-to-peer traffic identification using Bayesian networks[J]. Journal of Application and Science, 2005, 27 (2): 124-130.

[9] Xu P, Liu Q, Lin S. Internet traffic classification using support vector machine[J]. Journal of Computer Research and Development, 2009, 46 (3): 407-414.

[10] Zhang J, Chen C, Xiang Y, et al. Internet traffic classification by aggregating correlated naive Bayes predictions[J]. IEEE Transactions on Information Forensics and Security, 2013, 8 (1): 5-15.

[11] Peng L Z, Yang B, Chen Y H. Effective packet number for early stage internet traffic identification[J]. Neurocomputing, 2015, 156: 252-267.

[12] Qin T, Wang L, Liu Z L, et al. Robust application identification methods for P2P and VoIP traffic classification in backbone networks[J]. Knowledge-Based Systems, 2015, 82: 152-162.

[13] Mongkolluksamee S, Visoottiviseth V, Fukuda K. Enhancing the performance of mobile traffic identification with communication patterns[C]. IEEE 39th Annual Computer Software and Applications Conference, Taichung, 2015: 336-345.

[14] Ichino M, Maeda H, Yamashita T, et al. Internet traffic classification using score level fusion of multiple classifier[C]. IEEE/ACIS 9th International Conference on Computer and Information Science, Kaminoyama, 2010: 105-110.

[15] Gringoli F, Salgarelli L, Dusi M, et al. Gt: Picking up the truth from the ground for internet traffic[J]. ACM SIGCOMM Computer Communication Review, 2009, 39 (5): 12-18.

[16] del Río P M S, Rico J A. Internet traffic classification for high-performance and off-the-shelf systems[D]. Madrid: Autonomous University of Madrid, 2013.

[17] Adami D, Callegari C, Giordano S, et al. A real-time algorithm for Skype traffic detection and classification[C]. Smart Spaces and Next Generation Wired/Wireless Networking, Berlin, 2009: 168-179.

[18] Han S, Jang K, Park K S, et al. PacketShader: A GPU-accelerated software router[J]. ACM SIGCOMM Computer Communication Review, 2010, 40(4): 195-206.

[19] Dong S, Li R. Traffic identification method based on multiple probabilistic neural network model[J]. Neural Computing and Applications, 2019, 31(2): 473-487.

[20] Dong S, Zhou D, Zhou W, et al. Research on network traffic identification based on improved BP neural network[J]. Applications of Mathematics, 2013, 7(1): 389-398.

第7章 基于聚类的流量分类识别算法

7.1 引　　言

有监督机器学习算法采用已知有标签的数据集训练分类模型，并通过该模型对未知的流量进行数据分类和识别。但是，在应用协议类型未知的情况下，有监督机器学习算法将会失去其有效性。因此，采用无监督机器学习算法是解决上述问题的一种可行手段，该算法也常用于存在未知流量的网络流量识别领域。无监督机器学习算法主要通过聚类分析来实现流量分类，因此本章主要从聚类算法入手，重点分析聚类算法在网络流量识别领域的应用。

目前有诸多聚类算法，如 K-means 聚类算法、基于密度的带噪声的空间聚类应用(density-based spatial clustering of applications with noise, DBSCAN)算法、基于高斯混合模型(Gaussian mixture model, GMM)的期望最大化(expectation maximization, EM)聚类算法和基于层次的聚类算法等。

张剑等[1]提出了一种基于密度的在线噪声空间聚类(online-density-based spatial clustering of applications with noise, OL-DBSCAN)算法，采用若干数据报作为子流，提取子流的统计特征，对网络流量进行在线聚类。结果表明，该算法能识别加密流量和未知流量，同时降低计算复杂度。李林林等[2]提出并设计了一种集成分类器 KKEC，它是 K-means 和 KNN 聚类算法的结合，通过对不同输入的特征子集进行训练，得到不同的分类器，最后采用投票机制输出结果。结果表明，该集成分类器能提高小流的识别正确率。丁伟等[3]提出了一种基于半监督聚类的网络流量识别算法(semi-supervised clustering identifier algorithm, SCIA)，利用 DPI 和深度流检测(deep flow identification, DFI)的特点，并采用半监督的机器学习算法对训练数据流进行聚类。Liu 等[4]针对 EM 算法初值敏感性强和易收敛到局部最优解等缺点，提出了基于改进EM 的协议识别算法，该算法缩小了搜索范围，提高了协议识别正确率。尽管聚类算法能够对未知的流量进行识别，但仍存在一定的局限性，且流量识别正确率需要得到进一步提升。

本章的组织结构如下：7.2 节描述聚类理论基础；7.3 节描述基于规范化

的谱聚类分类识别算法；7.4 节对实验结果进行评估分析；7.5 节对本章内容进行总结。

7.2　聚类理论基础

7.2.1　常见聚类算法

目前，常见的聚类算法包含基于划分的聚类算法、基于层次的聚类算法、基于密度的聚类算法、基于网格的聚类算法、基于模型的聚类算法、基于模糊的聚类算法等。

1) 基于划分的聚类算法

基于划分的聚类算法是在聚类数目确定的情况下，选择几个点作为初始中心点，再根据设定好的启发式算法通过迭代的方式达到类内足够相似、类间差异最大的目标。其典型的算法为 K-means 聚类算法[5-7]，如算法 7.1 所示。

算法 7.1　K-means 聚类算法

---

1. 随机地选择 k 个对象，每个对象初始地代表了一个簇的中心

2. 对剩余的每个对象，根据其与各簇中心的距离，赋给最近的簇

3. 重新计算每个簇的平均值，更新为新的簇中心

4. 不断重复步骤 2、3，直到准则函数收敛

K-means 聚类算法具有简单高效、时空复杂度低等优点，但也存在容易陷入局部最优等缺点。

2) 基于层次的聚类算法

基于层次的聚类算法[8]又可分为合并层次聚类算法和分裂层次聚类算法。前者是自底向上的聚类，首先将每个对象作为一个组，然后相继合并相近的组，直到所有的组合并为一个组为止；后者则为自顶向下的聚类，主要是通过分裂的方式将一个簇分裂为更小的簇，直到最终每个对象在单独的一个簇中。以自底向上为例，其典型算法如算法 7.2 所示。

算法 7.2　基于层次的聚类算法（自底向上为例）

---

1. 将每个对象看作一类，计算两个类之间的最小距离

2. 将距离最小的两个类合并成一个新类

3. 重新计算新类与所有类之间的距离

4. 不断重复步骤 2、3，直到准则函数收敛

　　基于层次的聚类算法可解释性好，能产生高质量的聚类，可以解决 K-means 聚类算法不能解决的非球形族问题，但时间复杂度偏高。

　　3）基于密度的聚类算法

　　基于密度的聚类算法可以解决 K-means 聚类算法无法解决的不规则形状的聚类问题，最典型的算法为 DBSCAN 算法[9,10]。

算法 7.3　基于密度的聚类算法(以 DBSCAN 算法为例)

1. 扫描整个数据集，找到任意一个核心点

2. 对找到的核心点进行扩充(寻找从该核心点出发的所有密度相连的数据点)

3. 遍历该核心点的 ε 邻域内的所有核心点(因为边界点是无法扩充的)，并寻找与这些数据点密度相连的点，直到没有可以扩充的数据点为止

4. 聚类成簇的边界节点均为非核心数据点。之后重新扫描数据集(不包括之前寻找到的簇中的任何数据点)，寻找没有被聚类的核心点

5. 重复上面的步骤，对该核心点进行扩充直到数据集中没有新的核心点为止。此时，数据集中没有包含在任何簇中的数据点就构成异常点

　　4）基于网格的聚类算法

　　基于网格的聚类算法(算法 7.4)[11]主要是将数据空间划分为网格单元，把数据对象映射到各网格单元中，计算每个单元的密度。根据相关设定的阈值来判定其是否为高密度单元，然后由相邻高密度单元组形成类。

算法 7.4　基于网格的聚类算法

1. 划分网格

2. 使用网格单元内数据的统计信息对数据进行压缩表达

3. 基于这些统计信息判断高密度网格单元

4. 将相连的高密度网格单元识别为簇

　　基于网格的聚类算法速度快，但是参数敏感，效率的提升需要以正确率损失为代价。

　　5）基于模型的聚类算法

　　基于模型的聚类算法主要是每一个簇设定一个模型，通过数据确定该模

型的最佳拟合。该聚类算法主要有基于概率模型的算法(典型的模型为 GMM)和基于神经网络模型的算法(典型的模型为自组织映射(self-organizing map, SOM)[12,13])。以下仅以 SOM 为例对算法进行介绍,其典型算法如算法 7.5 所示。

算法 7.5　基于模型的聚类算法(以 SOM 为例)

1. 网络初始化,对输出层每个节点权重赋初值
2. 将输入样本中随机选取输入向量,找到与输入向量距离最小的权重向量
3. 定义获胜单元,在获胜单元的邻近区域调整权重使其向输入向量靠拢
4. 提供新样本,进行训练
5. 收缩邻域半径、减小学习率,重复,直到小于允许值,输出聚类结果

基于模型的聚类算法参数表达便捷,但执行效率不高。

6) 基于模糊的聚类算法

基于模糊的聚类算法[14,15]是确定样本以一定的概率属于某个类。比较典型的有基于目标函数的模糊聚类算法、基于相似性关系和模糊关系的聚类算法、基于模糊等价关系的传递闭包算法、基于模糊图论的最小支撑树算法,以及基于数据集的凸分解、动态规划和难以辨别关系等算法。模糊 C 均值(fuzzy C-means, FCM)算法是一种以隶属度确定每个数据点属于某个聚类程度的算法。该聚类算法是传统硬聚类算法的一种改进,见算法 7.6。

算法 7.6　基于模糊的聚类算法(以 FCM 算法[16]为例)

1. 标准化数据矩阵
2. 建立模糊相似矩阵,初始化隶属矩阵
3. 算法开始迭代,直到目标函数收敛到极小值
4. 根据迭代结果,由最后的隶属矩阵确定数据所属的类,显示最后的聚类结果

基于模糊的聚类算法数据聚类效果很好,但是过于依赖初始聚类中心。

7.2.2　谱聚类概念

谱聚类思想已经应用到超大规模集成电路(very large scale integration, VLSI)设计[17]、计算机视觉分析[18]等研究领域,作为机器学习的一部分也在相关研究中进行了分析与研究[19]。谱聚类理论源于谱图划分[20,21],其为基于图论的聚类算法,即把聚类转化为一个带权无向图的多路径划分问题。在带

权无向图 $G=(V,E)$ 中，顶点 V 为数据点，加权边的集合 $E\left|W_{ij}\right|$ 表示基于某一相似性度量计算的数据点 i 与 j 两点的相似度，w 表示待聚类数据点之间的相似性矩阵。可以将聚类问题转化为基于图 G 上的划分问题，即把一个图 $G=(V,E)$ 划分为 k 个互不相交的子集 $v_1,v_2,\cdots,v_k$，也就是划分为两个及两个以上的子图，且要保证每个子图内部尽可能相似，不同子图之间的相似度尽可能不同，也可描述为图划分后要保证每个子集 v_i 内的相似程度较高，不同的子集 v_i 和 v_j 之间的相似度较低[9]。在谱聚类中，常见的几种连接图如下。

（1）ε 近邻连接图（ε-neighbor graph）：如果两个顶点之间的距离小于 ε，则这两个顶点之间存在连接。

（2）k 最近邻连接图（k-nearest neighbor graph）：顶点 v_i 和其 k 个最近邻 v_j 之间存在连接，然而，这样的定义导致了一个不对称的邻接矩阵。

（3）全连接图（fully connected graph）：所有的顶点 v_i 和 v_j 之间存在连接。令 W_{ij} 表示两者之间的连接权值，以高斯相似性函数定义顶点之间的权值，其中 σ 为尺度参数，W_{ij} 的定义为

$$W_{ij}=\exp\left(-\left\|x_i-x_j\right\|\right)^2\Big/(2\sigma^2) \tag{7.1}$$

式中，x_i 和 x_j 为数据点向量。

在谱聚类算法中主要采用拉普拉斯矩阵作为工具。下面所定义的拉普拉斯矩阵都是在无向权值图 G 上，其权值矩阵为 W，而 W 为对称矩阵，即 $W_{ij}=W_{ji}$。

本章采用规范化的拉普拉斯矩阵，有两种矩阵被认为是规范化的拉普拉斯矩阵，定义为

$$L_{\mathrm{sym}}=D^{-1/2}LD^{-1/2}=I-D^{-1/2}WD^{-1/2}$$

$$L_{\mathrm{rm}}=D^{-1}L=I-D^{-1}W$$

式中，D 为度矩阵；拉普拉斯矩阵 $L=D-A$，其中 A 为邻接矩阵，I 为单位矩阵。

矩阵 L_{sym} 和矩阵 L_{rm} 具有如下性质：

若 $f\in\mathbf{R}^n$，则 $f^{\mathrm{T}}L_{\mathrm{sym}}f=\dfrac{1}{2}\sum_{i,j=1}^{n}W_{ij}\left(\dfrac{f_i}{\sqrt{d_i}}-\dfrac{j_i}{\sqrt{d_j}}\right)^2$。

若 λ 为 L_{sym} 的特征值，则 v 为其特征向量的充要条件是 λ 和 v 满足 $Lv=\lambda Dv$；

若 λ 为 L_{rm} 的特征值，则 v 为其特征向量的充要条件是 λ 为 L_{sym} 的特征

值，且其对应的特征向量为 $D_1/(2v)$；

L_{sym} 和 L_{rm} 都是 n 个非负的实特征值，即 $0 \le \lambda_1 \le \lambda_2 \le \cdots \le \lambda_n$，且是半正定的。

对于无向权值图，有如下的命题。

命题 7.1 令 G 为一无向权值图,则其标准化矩阵 L_{sym} 和矩阵 L_{rm} 的特征值为 0 的个数表示为图中独立的连通分量的个数，即若其有 k 个特征值为 0，则其有 k 个连通分量 $A_1, A_2, \cdots, A_k$，L_{rm} 的特征值为 0 的特征空间表示连通分量的指示向量。

7.2.3 谱聚类原理

基于 7.2.2 节的定义，本节仍将 S 表示为相似度矩阵，此外将 D 表示为度矩阵，A 表示为邻接矩阵，因此拉普拉斯矩阵 L 为 $L=D-A$。而谱聚类算法的核心问题在图模型中也转化为图划分问题，主要解决大图分成若干小图的过程中如何获得最优的划分问题。

7.3　基于规范化的谱聚类分类识别算法描述

设网络流量为 $X = \{x_{ij}\}_{m \times n}$，数据标注后的流量为 $\tilde{X} = \{\tilde{x}_{ij}\}_{m \times n}$。对每个整数 $k \ge 3$，设 $\Pi(k) = \{T \mid T = (t_{ij})_{2k \times 2k}$ 是 $2k \times 2k$ 的巡游矩阵$\}$，每个巡游矩阵对应的线性列表 $L(k) = \{(\text{num}, \text{row}, \text{col}) \mid \text{num} = 1, 2, \cdots, 2k \times 2k; 1 \le \text{row} \le 2k; 1 \le \text{col} \le 2k\}$，那么本节的谱聚类算法表述如算法 7.7 所示。

算法 7.7　谱聚类算法

输入：相似性矩阵 $w \in \mathbf{R}^{n \times n}$，聚类类型数 k

输出：最终图的划分

1. 建立样本的相似性连接图，令 W 为其权值矩阵
2. 计算规范化拉普拉斯矩阵 L
3. 计算 L 的前 k 个最小的特征值所对应的特征向量 $v_1, v_2, \cdots, v_k$
4. 令 $V \in \mathbf{R}^{n \times k}$ 为由 $v_1, v_2, \cdots, v_k$ 按照排列所组成的矩阵
5. 将矩阵 V 的每一行规范化成范数为 1，得到的矩阵为 U，则 $u_{ij} = v_{ij} / \left(\sum_k v_{ik}^2 \right)^{1/2}$
6. 对于 $i = 1, 2, \cdots, n$，令 $y_i \in \mathbf{R}^k$ 为矩阵 U 的第 i 列数据
7. 利用 K-means 聚类算法将隶属空间 $\mathbf{R}^k$ 中的数据 $y_i (i = 1, 2, \cdots, n)$ 聚成 k 类 $c_1, c_2, \cdots, c_k$

随机产生置乱步数 step 的算法及其伪代码如算法 7.8 和算法 7.9 所示。

算法 7.8　随机产生置乱步数 step 的算法

---

1. **for** i=1 to step
2. 从 $\{3,\cdots,k\}$ 中随机选取一个值 ϕ；将某个系数矩阵分成 $r \times r$ 个不交叠的大小为 $2^\phi \times 2^\phi$ 的系数块（$r = N / 2^\phi$），第 a 行、第 b 列的系数块简称系数块 (a,b)
3. 对每个系数块 (a,b)，从 $\Pi(\phi)$ 中随机选择巡游矩阵 $\mathbf{T}_\phi(a,b)$，其对应线性列表为 $\mathbf{L}(\phi)$，并随机生成整数 $\lambda(a,b)$，$\lambda(a,b)$ 在[20, 50]内均匀分布
4. 对每个系数块 (a,b)，依据 $\mathbf{L}(\phi)$ 进行 $\lambda(a,b)$ 格置换
5. 将置换完的各个系数块拼合成系数矩阵
6. **end for**

算法 7.9　随机产生置乱步数 step 的算法伪代码

---

1. //构建图 $V[i,j]$
2. $v = 0; i = 0; j = 0; \text{step} = 0$
3. // step 为随机产生置乱步数
4. $v[k] = \min(\text{feature})$
5. **LABEL: CONTINUE**
6. **while**（在时间 T 内，该流有数据报到达）
7. 　　K-means(y_i)
8. 　　**for**（$i = 0; i < \text{step}; i + +$）
9. 　　goto CONTINUE
10. 　　**end while**
11. **procedure QueryF:** in$(\text{FTable}[7],Q)$, out(col)
12. 　　**for**（$\text{col} = 0; \text{col} < 7; \text{col}++$）
13. 　　　**if**（$Q \leqslant \text{FTable}[\text{col}]$）
14. 　　　　**break**
15. 　　　**end if**
16. 　　**end for**
17. 　　**return** col
18. **end**

传统的谱聚类算法在构造相似度矩阵时考虑的因素较为单一，不能把数据点之间的关系全部表示出来，因此聚类效果不佳。另外，其无法自适应地确定聚类数目，且在处理数据量较大的聚类问题时效率不高。为解决上述问

题，本节提出一种改进的谱聚类算法(算法 7.10)，采用基于蜂群优化的自适应谱聚类算法[21]，对初始的聚类数目及全局寻优能力进行优化和提升。改进的谱聚类算法流程图如图 7.1 所示。

算法 7.10　改进的谱聚类算法

输入：相似性矩阵 $w \in \mathbf{R}^{n \times n}$，聚类类型数 k

输出：最终图的划分 $\tilde{X} = \{\tilde{x}_{ij}\}_{m \times n}$

1. 建立样本的相似性连接图，令 W 为其权值矩阵
2. 计算规范化拉普拉斯矩阵 L
3. 计算 L 的特征值和特征向量，并按照递减的顺序对特征值进行排列。结合本征间隙思想，首先计算本征间隙序列，寻找其最大值，并将该值定义为初始聚类数目 k
4. 令 $V \in \mathbf{R}^{n \times k}$ 为由 $v_1, v_2, \cdots, v_k$ 按照排列所组成的矩阵
5. 将矩阵 V 的每一行规范化成范数为 1，得到的矩阵为 U，则

$$u_{ij} = v_{ij} \left/ \left(\sum_k v_{ik}^2 \right)^{1/2} \right.$$

6. 对于 $i = 1, 2, \cdots, n$，令 $y_i \in \mathbf{R}^k$ 为矩阵 U 的第 i 列
7. 利用 K-means 聚类算法初始化参数，全局搜索因子引入蜜蜂位置更新公式，以特征向量空间为搜索域，采用蜂群优化算法寻找聚类中心，将隶属空间 $\mathbf{R}^k$ 中的数据 $y_i (i = 1, 2, \cdots, n)$ 聚成 k 类 $c_1, c_2, \cdots, c_k$。

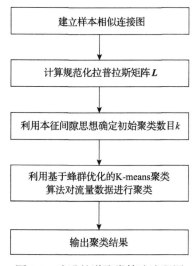

图 7.1　改进的谱聚类算法流程图

7.4　实　　验

7.4.1　实验环境及数据集

1) 实验平台

本章采用 4 个 Intel (R) Xeon (R) 4.00GHz 的双核处理器和 8GB 物理内存的硬件配置，操作系统平台采用 Linux 2.6.18 内核。

2) 实验数据

本章采用前面所述的 Moore_set 数据集和 UCI (University of California Irvine, 加利福尼亚大学) 数据集分别进行测试。Moore_set 数据集与 2.4.2 节所描述的一致。UCI 数据采集自加利福尼亚大学欧文分校网络实验室的中心交换机出口 (边界路由出口)，该节点是大约 60 名研究人员所使用的网络，且为全报文采集，采用 L7-filter 软件对报文进行标识，应用类型明细如表 7.1 所示，测度属性集合如表 7.2 所示。

表 7.1　UCI 数据集

编号	应用类型	包含的应用	比例/%
1	WWW	Web, HTTP	40.4
2	P2P	BitTorrent, KAZZA	34.2
3	DB	Oracle, DB2	10.3
4	Service	DNS	4.8
5	Bulk	FTP	10.3

表 7.2　UCI 测度属性集合

测度	测度描述
meanpkt	平均报文长度
duration	持续时间
pktb	报文字节数
pkts	报文个数

7.4.2　算法评估

使用查准率、查全率和总体正确率对所提出的识别算法进行性能评估和有效性验证，其中，查准率、查全率和总体正确率计算公式如式(2.12)～式(2.14)所示。

7.4.3　Moore_set 数据集分析

本章采用 NBK 算法、C4.5 分类算法、谱聚类算法和改进的谱聚类算法进行实验，各算法分类识别的总体正确率如表 7.3 所示，分类查准率和查全率如图 7.2 和图 7.3 所示。

从表 7.3 可知，改进的谱聚类算法的总体正确率较好，而图 7.2 和图 7.3 所示的实验结果也表明，无论是查准率还是查全率，改进的谱聚类算法都具有很好的分类效果；NBK 算法虽然是在朴素贝叶斯基础上采用核估计函数对算法进行优化，但是其先验概率假设的正确性缺陷导致其查准率不高；而 C4.5

表 7.3　总体正确率

分类识别算法	总体正确率/%
NBK 算法	75
C4.5 分类算法	93.4
谱聚类算法	96.5
改进的谱聚类算法	98.2

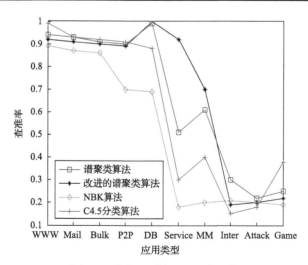

图 7.2　分类识别算法查准率比较

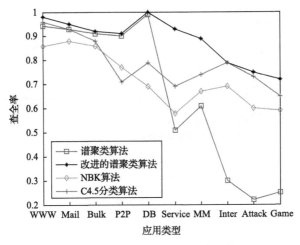

图 7.3　分类识别算法查全率比较

分类算法涉及大量耗时的对数运算，且连续值还有排序运算，影响了计算效率。改进的谱聚类算法基于图划分的思想，摒弃了这些算法的缺陷，从而提高了分类查准率。

为了进一步验证算法的性能，本章还采用 UCI 数据集对四种分类识别算法进行验证分析，其分类查准率、查全率以及总体正确率结果如图 7.4、图 7.5和表 7.4 所示。

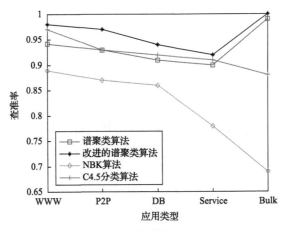

图 7.4　分类识别算法查准率

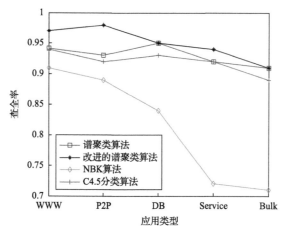

图 7.5 分类识别算法查全率

表 7.4 总体正确率

分类识别算法	总体正确率/%
NBK 算法	71.5
C4.5 分类算法	91.2
谱聚类算法	95.3
改进的谱聚类算法	97.5

实验结果表明谱聚类算法对于所占比例较大的应用识别查准率的提升较为明显，而对于比例较小的应用变化则不够显著。这主要是由于占比较大的应用所构成的图结构更利于图聚类的产生，所以此类应用的查准率更高，而其他占比较小的应用构成图聚类较为困难，影响到其分类识别效果，所以提升效果不够明显。

7.5 本 章 小 结

传统的有监督机器学习算法无法对未知流量进行识别，本章采用基于谱图划分思想的谱聚类算法将聚类问题转化为一个无向图的多路径划分问题。通过与图论中相应的理论结合，研究了基于谱聚类的流量分类识别算法；为克服其聚类效果不佳等问题，提出改进的谱聚类算法，并通过对分类识别效果进行分析和比较，得到了若干有指导意义的结论。与现有流量识别算法相比，本章提出无监督的谱聚类及其改进算法，利用拉普拉斯矩阵作为工具，通过图论的思想重新构建分类识别模型，从而可以解决有监督机器学习算法存在的问题，进一步提高分类识别正确率。

参 考 文 献

[1] 张剑, 钱宗珏, 寿国础, 等. 在线聚类的网络流量识别[J]. 北京邮电大学学报, 2011, (1): 103-106.

[2] 李林林, 张效义, 张霞, 等. 一种基于集成学习的流量分类算法[J]. 信息工程大学学报, 2015, (2): 240-244.

[3] 丁伟, 徐杰, 卓文辉. 基于层次聚类的网络流识别算法研究[J]. 通信学报, 2014, 35(Z1): 41-45.

[4] Liu S Y, Hu J, Hao S N, et al. Improved EM method for internet traffic classification[C]. 8th International Conference on Knowledge and Smart Technology, Chiang Mai, 2016: 13-17.

[5] 林涛, 赵璨. 最近邻优化的 K-means 聚类算法[J]. 计算机科学, 2019, 46(S2): 216-219.

[6] 郁启麟. K-means 算法初始聚类中心选择的优化[J]. 计算机系统应用, 2017, 26(5): 170-174.

[7] 王勇, 唐靖, 饶勤菲, 等. 高效率的 K-means 最佳聚类数确定算法[J]. 计算机应用, 2014, 34(5): 1331-1335.

[8] 王鹏宇, 王国宇, 贾贞, 等. 一种基于局部特征的层次聚类算法[J]. 中国海洋大学学报(自然科学版), 2019, 49(S2): 176-184.

[9] 王光, 林国宇. 改进的自适应参数 DBSCAN 聚类算法[J]. 计算机工程与应用, 2020, 56(14): 45-51.

[10] 秦佳睿, 徐蔚鸿, 马红华, 等. 自适应局部半径的 DBSCAN 聚类算法[J]. 小型微型计算机系统, 2018, 39(10): 2186-2190.

[11] Hireche C, Drias H, Moulai H. Grid based clustering for satisfiability solving[J]. Applied Soft Computing, 2020, 88: 106069.

[12] 宋利, 刘靖. 基于 SOM 神经网络的二阶变异体约简算法[J]. 软件学报, 2019, 30(5): 1464-1480.

[13] Delgado S, Higuera C, Calle-Espinosa J, et al. A SOM prototype-based cluster analysis methodology[J]. Expert Systems with Applications, 2017, 88: 14-28.

[14] 施伟锋, 卓金宝, 兰莹. 一种基于属性空间相似性的模糊聚类算法[J]. 电子与信息学报, 2019, 41(11): 2722-2728.

[15] 李凯, 李娜, 陈武. 一种基于广义熵的模糊聚类算法[J]. 计算机工程, 2012, 38(13): 166-168.

[16] 赵立新, 董朝贤, 赵丽. 基于 FCM 聚类的 WSN 加权概率簇头选择算法[J]. 控制工程, 2019, 26(6): 1211-1215.

[17] 张凤荔, 周洪川, 张俊娇, 等. 基于改进凝聚层次聚类的协议分类算法[J]. 计算机工程与科学, 2017, 39(4): 796-803.

[18] 洪征, 龚启缘, 冯文博, 等. 自适应聚类的未知应用层协议识别算法[J]. 计算机工程与应用, 2020, 56(5): 109-117.

[19] McGregor A, Hall M, Lorier P, et al. Flow clustering using machine learning techniques[C]. International Workshop on Passive and Active Network Measurement, Berlin, 2004: 205-214.

[20] 程珊, 钮焱, 李军. 基于网络资源的 KNN 网络流量分类模型的研究[J]. 湖北工业大学学报, 2016, 31(4): 75-79.

[21] 孔万增, 孙昌思核, 张建海, 等. 近邻自适应局部尺度的谱聚类算法[J]. 中国图象图形学报, 2012, 17(4): 523-529.

第8章 基于半监督的流量识别算法

8.1 引　言

有监督聚类算法可以在有标准训练数据集的情况下，通过训练数据来构建网络流量识别模型。而无监督聚类算法则是通过聚类的方式对未知流量进行聚类划分，从而获取不同的分类，各有优缺点。前者尽管具有较高的识别正确率，但无法对在无标准训练数据集情况下的未知流量进行分类。而后者尽管能对上述的未知流量进行识别，但不能对所聚类的网络数据进行识别。为了克服上述问题，本章将有监督聚类算法和无监督聚类算法结合，通过有监督聚类算法训练数据集，并与无监督聚类算法进行协同，进一步识别聚类所产生的数据，构建半监督流量识别模型，进而判别网络流量的类型[1]。

半监督学习是在训练数据部分信息缺失的情况下，获得具有理想性能和推广能力的分类模型。这里的信息缺失包括数据的类标签缺失或者数据的部分特征维缺失等多种情况，本章主要研究在数据的类标签缺失情况下的半监督学习。从样本角度而言，半监督学习是利用少量已标记的样本和大量未标记的样本进行机器学习。众所周知，不同的网络应用有各不相同的传输目标和特征行为，从而在网络流中体现出各不相同的网络行为模式，例如，与实时的短会话相比，当使用 FTP 进行文件传输时，网络特征行为将体现为一个相对较长的连接周期和相对较大的数据传输规模；同样，与 FTP 数据传输相比，P2P 的传输通常是双向的[2]，而 FTP 的传输一般是单向的。此外，常用的传输层统计特征还包括数据报的大小、数据报的传输方向、TCP 的窗口尺寸及 TCP 标记位等。通常这些网络应用的特征行为属性也作为流量测度辅助信息应用于基于机器学习的流量识别算法中，以提升系统分类的正确率。

本章重点介绍基于两个阶段的半监督网络流量分类识别算法，并提出其改进算法，即首先利用有效载荷法标记网络流量，然后使用改进的 KNN 算法进行分类识别。该算法在 KNN 算法的基础上 k 值的选取进行优化，并通过最大似然估计算法标记聚类结果以实现与相关应用类型或协议的对应匹配过程。实验结果表明，该算法提升了网络流量分类识别结果的正确率和分类识别效率，然而该算法在识别正确率方面仍有进一步提升的空间。

本章组织结构如下：8.2 节介绍半监督流量识别算法的相关研究工作；8.3 节介绍相关的半监督流量识别算法；8.4 节对一种半监督流量识别算法进行实验并对实验结果进行分析；8.5 节介绍基于改进的 K-means 聚类算法的半监督流量识别、基于距离的多中心半监督聚类算法、基于密度的多中心半监督聚类算法以及实验与分析；8.6 节对本章内容进行总结。

8.2　半监督流量识别算法的相关研究工作

根据前面的介绍，基于机器学习的流量识别算法分为基于有监督学习的流量识别算法、基于无监督学习的流量识别算法和基于半监督学习的流量识别算法。基于有监督学习的流量识别算法需要有标准数据集通过训练来构建分类器以实现对网络流量的分类，其中典型的算法有 NB 算法[3]、C4.5 分类算法[4]、SVM 算法[5]、基于分类的关联规则(classification-based of association, CBA)算法[6]等。基于划分的 Clarans 算法[7]、K-means 聚类算法[8]、DBSCAN 算法[9]、AutoClass 算法[10]等属于无监督学习的流量识别算法，通常用于有效处理加密流量或新的未知网络的应用。而半监督学习的流量识别算法则是介于两者之间，半监督是指首先获取少量的已知类型的数据流信息作为监督信息，然后将待识别网络数据集输入至聚类算法或分类算法中，利用前面已标记的数据信息，发现特定的对应规则，完成相关未识别网络流量数据的标记工作。目前，基于半监督学习的流量识别算法已经应用到图像分割[11]、视频检索[12]等研究领域，将一些先验信息用于辅助和改善聚类或分类结果，K-means 聚类算法也被扩展到了分布式聚类领域[13]。在流量分类识别方面，Erman 等[14]利用基于 K-means 的半监督学习分类识别算法对数据流进行分类。实验结果表明，该算法能够达到 70%～90%的总体正确率，但算法中初始聚类中心的随机选择对分类结果有较大影响。对于在基于无监督学习和半监督学习的分类识别问题中得到广泛应用的 K-means 聚类算法，该算法试图找出 k 个聚类中心 $c_1, c_2, \cdots, c_k$，在计算每个数据与 k 个中心点的距离后，找到距离最小的聚类中心，并将其归并到该中心点所属的聚类划分，最终使得 k 个类簇的内部具有较高的相似度，而 k 个类簇之间的数据点相异度较大。这里，通常将平方偏差作为准则函数，且 k 值代表聚类数，其取值与最终分类识别效果密切相关。文献[15]将半监督聚类算法又分为三类，分别为基于约束的半监督聚类算法、基于距离的半监督聚类算法、基于约束和距离的半监督聚类算法。在基于约束的半监督聚类算法中，最典型算法为 Seeded-Kmeans 算法和 COP-Kmeans 算法，这两种算法在半监督聚类中发挥着非常重要的作用。Zheng 等[16]提出了半监督层次聚类算法。朱煜等[17]提出了改进的基于广度优先搜索的 COP-Kmeans 算法，实验结果表明，该算法的聚类结果更加准确。

8.3　半监督流量识别算法描述

8.3.1　相关定义

为了更深入地了解半监督学习的流量识别算法，本节给出算法中使用的定义和概念，其中用 $F = \{f_1, f_2, \cdots, f_n\}$ 代表一组流信息，该流是通过五元组来唯一标识的。在基于半监督学习的流量识别算法中，设置一小部分已标记的数据流信息和大量未标记的网络流量数据流信息。已标记的数据流信息在数据中占比较小，而未标记的数据流信息在数据中占比较大，本算法的目的就是对未标记的数据进行数据分类识别，每条网络流由多个特征属性来描述，其中 f_{ij} 表示第 i 条流中第 j 个属性的值。

在 KNN 算法中，通常采用曼哈顿距离、欧氏距离来衡量两个簇之间的距离，本章采用欧氏距离来表示簇与簇之间的关系。假设在 m 维的空间向量中有属性向量 $\boldsymbol{a} = (a_1, a_2, \cdots, a_n)$ 和 $\boldsymbol{b} = (b_1, b_2, \cdots, b_m)$ ，这样可得两个向量 $\boldsymbol{a}$、$\boldsymbol{b}$ 之间的欧氏距离为 $d(\boldsymbol{a}, \boldsymbol{b})$ ，其计算公式为

$$d(\boldsymbol{a}, \boldsymbol{b}) = \sqrt{\sum_{i=1}^{m}(a_i - b_i)^2} \tag{8.1}$$

该算法的评价标准采用查准率、查全率和总体正确率。其中，最常用的总体正确率形式化定义为：若第 i 个簇被正确分配到网络类型的个数记为 TP_i ，每一类型的样本数记为 N_i ，则总体正确率（overall accuracy, OA）为

$$\mathrm{OA} = \frac{\sum \mathrm{TP}_i}{\sum N_i} \tag{8.2}$$

本节提出一种半监督流量识别算法，介于有监督学习和无监督学习的流量分类识别之间，由有效载荷分析法和聚类算法共同协助构成的半监督流量识别算法的过程描述如图 8.1 所示。

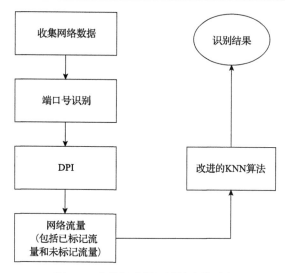

图 8.1　半监督流量识别算法的过程

　　实验采用 UCI 数据集，其数据采集于加利福尼亚大学欧文分校某实验室的节点路由器，该节点是由约 60 名研究人员所使用的网络。具体的数据集信息如表 8.1 所示，本算法中采用的测度属性如表 8.2 所示。

表 8.1　UCI 数据集的应用类型

编号	描述
1	WWW
2	P2P
3	DB
4	Service
5	Bulk

表 8.2　本算法所用的测度属性

测度	测度描述
Meanpkt	平均报文长度
Duration	持续时间
pktb	报文字节数
pkts	报文个数
Source port	源端口号
Destination port	目标端口号

KNN 算法的分类结果是依据本章所提出的已标记的数据对象和贪心算法选择的初始聚类中心而产生的,改进的 KNN 聚类算法利用贪心算法对初始聚类中心的选择进行改进,并通过建模算法将其分解成多个子问题,然后选择与剩余网络数据距离最远的数据对象作为初始聚类中心,直到 k 个网络簇中心被获取为止。而对于网络流量识别算法评估,本章采用前面所介绍的总体正确率和各应用类型的查准率和查全率来衡量算法的性能以及聚类结果。

8.3.2　问题描述

在基于半监督学习的流量识别算法中,有如下定义:设 F 代表 $\{f_1, f_2, \cdots, f_n\}$ 形式的网络流量数据集, n 代表数据流的总数。数据流包含通过端口号识别和深度报文检测而生成的少量已经标记的数据流和未标记的数据流,每个数据流由相应的属性测度所表示。其中, m 代表流的属性数目, a_{ij} 表示流记录 i 属于 j 类的数目。在整个半监督学习的流量识别中所要解决的问题就是利用 m 维的属性变量,根据聚类中心的判定找出最优的解集合,从而获取 F 与 C 之间的一一对应关系,而这个关系就是未知流量和所对应的类型之间的关系。所有的流量数据都是依据所定义的五元组来生成的,最后需要达到每个数据集中的数据都能对应一种流量的应用类型,而所依据的评价标准主要采用查准率、查全率和总体正确率,使它们的结果尽可能最大化,以产生尽可能高的总体正确率。

本章所提出的半监督流量识别算法,采用改进的 KNN 算法,主要通过一定的判定规则确定某个样本的类型,如果某个样本在特征空间中的 k 个最相似(通常为距离最近)的样本中多数属于某一个类型,则该样本就属于这个类型。该算法在对结果的判定上仅依靠最近邻的几个样本来决定待分配样本所属的类型,并采用贪心算法不断迭代这一过程,直到找出全部的样本类型为止。利用 KNN 算法对未标记的网络流量逐步分类,并加入原来已标记的数据对象中,从而获取网络流量分类识别结果。该算法缩短了网络流聚类的计算时间,加快了算法的收敛速度。

8.3.3　改进的 KNN 算法

传统 KNN 算法存在如图 8.2 所示的问题,令 x_i 为流, $f(x_i)$ 为流标识,当 $f(x_1)$ 为 0、 $f(x_2)$ 为 1、 $f(x_3)$ 为 1、 $f(x_4)$ 为 1 时,最终流的标识为 1,如图 8.2(a)的事件 1 所示。此外,如果出现类似图 8.2(b)事件 2 所示的情况,则难以检测或识别出流量。为解决上述问题，本节提出改进的 KNN 算法：首先对选择的初始聚类中心进行改进，然后挖掘聚类结果。

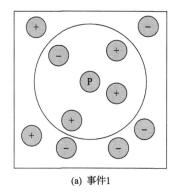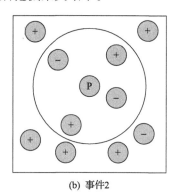

(a) 事件1　　　　　　　　　　　　　　(b) 事件2

图 8.2　KNN 算法的两种情况

改进的 KNN 算法具体过程如算法 8.1 所示。

算法 8.1　改进的 KNN 算法

1. 网络应用程序的类型已被标记的数目记作 s，如果 $s>k$，则聚类结果的数目表示该算法所标示的数据集大于网络协议分类数据集实际存在的数量，该算法产生的结果不能作为识别结果，算法结束；否则，算法继续执行
2. 将网络流量数据集分成 n 个数据子集 S，对于每个数据子集，采用 KNN 算法找出每个流量子集中每个样本流量的最近邻，使用最大类判别法，标记该样本流量的类型
3. 依次把已确定样本子集 S 加入 L 中，删除子集 S
4. 最终得到较大的样本集合，该样本集合包含 m 个类型

利用改进的 KNN 算法对数据对象进行标注，以获取 KNN 中更加优化的聚类划分结果。

设 $C=\{c_1,c_2,\cdots,c_m\}$ 是一组网络流量所对应的应用类型，采用最大似然估计建立网络流量和对应的应用类型的函数关系，其概率公式为

$$P(C=c_j\,|\,t_i)=\frac{l_{ji}}{l_i} \tag{8.3}$$

式中，t_i 为聚类划分所产生的第 i 个类簇；l_{ji} 为第 i 个类簇中已标记为应用类型对象 c_j 的数目；l_i 为第 i 个类簇中的数据总数；P 为将类簇 t_i 对应为 c_j 应用

类型的概率。

其对应的匹配算法流程如算法 8.2 所示。

算法 8.2　匹配算法

---

1. //流量集合 $F(i, c_j)$

2. 　　 $\text{step} = 0; i = 0; j = 0$

3. **LABEL: CONTINUE**

4. 　　**while**（在时间 T 内，该流有数据报到达）

5. 　　　　 $\text{KNN}(c_j)$

6. 　　　　**for**（ $i = 0; i < \text{step}; i ++$ ）

7. 　　　　**for**（ $j = 1; j < m; j ++$ ）

8. 　　　　　　**if** $[\, \max P(C = c_j \mid t_i) > x \,]$

9. 　　　　　　　　对应用类型对象 c_j 进行数据标注

10. 　　　　　　**else**

11. 　　　　　　　　将应用类型对象 c_j 标记为未知类型

12. 　　　　**goto CNOTINUE**

13. 　　**end**

设 x 是最大似然估计中的概率下限，$\max P(C = c_i \mid t_i) > x$ 表示当簇 j 中最大的类型为 c_i，且概率大于 x 下限时将该簇标记为 c_i 类型的流量，其他情况下则被认为是未知类型流量。依据该判定标准对流量进行分类识别，直到算法将流量类型和聚类所产生的类簇结果一一对应匹配完成，分类识别过程结束。

8.4　实　　验

1. 实验平台

实验使用 4 个 Intel（R）Xeon（R）4.00GHz 的双核处理器和 8GB 物理内存的硬件配置，操作系统平台采用 Linux 2.6.18 内核。

2. 实验结果

实验采用提出的半监督流量识别算法与 NB 算法、SVM 算法和谱聚类算法进行对比分析。为了减小数据的偶然性和结果的误差，在实验中利用十折交叉验证法对数据进行轮巡运算并取其平均值，其查准率和查全率分别如图 8.3 和图 8.4 所示。

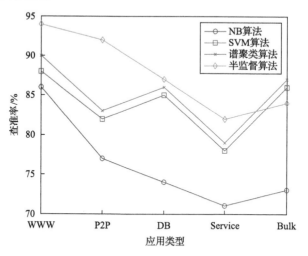

图 8.3 半监督流量识别算法的查准率

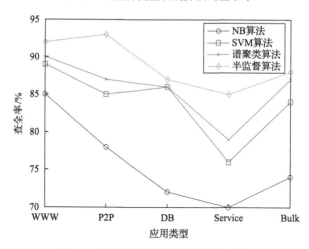

图 8.4 半监督流量识别算法的查全率

从图 8.3 和图 8.4 可以看出，无论是查准率还是查全率，半监督分类流量算法相比其他三种算法取得了较好的分类识别结果。表 8.3 列出了四种算法的总体正确率，半监督流量识别算法的总体正确率与 NB 算法相比有比较明显的提升，也优于 SVM 算法和谱聚类的分类识别算法。基于半监督的分类识别算法通过优化 k 值选择以获取更好的分类结果，提高了算法的正确率和效率。通过端口号识别算法对常见应用协议进行识别，然后采用有效载荷分析法也即 DPI 技术对具有报文负载的流量进行识别。与此同时，分别对这些数据进行标签化处理，这样可以快速获取相应的已标记数据并在一定程度上降低部分流量识别数据的压力，为网络流量的正确识别提供有力支撑。而 SVM 算法容易陷入局部最优，且对多分类问题支持不够，因此识别结果较半监督流量识别算法有所逊色。NB 算法虽然训练时间较短，但是先验概率的正确性假设存在缺陷，因此分类正确率也受到一定的影响。

表 8.3　四种算法的总体正确率

算法	总体正确率/%
NB 算法	67.3
SVM 算法	88.6
谱聚类算法	91.5
半监督算法	94.1

8.5　其他半监督流量识别算法

8.5.1　基于改进 K-means 的半监督流量识别算法

目前，多数半监督算法都是基于 K-means 聚类算法的，通常随机产生 k 个聚类，并产生 k 个聚类中心，通过已标记的流量数据对未知流量数据进行聚类，从而完成流量识别。然而传统的 K-means 聚类算法存在随机初始化聚类中心的问题，因此需要对其进行改进。基于改进 K-means 的半监督流量识别算法如算法 8.3 所示。

算法 8.3　基于改进 K-means 的半监督流量识别算法

输入：流量数据 TD $= \{x_1, x_2, \cdots, x_m\}$

输出：聚类中心 c_j 和聚类结果 z_j $(j=1,2,\cdots,k)$

1. 将流量数据按照类型划分为 k 个聚类集合
2. 分别计算 z_j 的聚类中心 c_j
3. 计算 x_m
4. 将 x_m 分配给 z_j

5. 更新 c_j

6. 重复执行步骤 3～5，直到得到最优聚类结果

7. 返回 c_j 和 z_j

以上算法通过采用按照类型确定 k 值来替代随机生成 k 值的方式，提高了算法的效率，解决了传统 K-means 聚类算法中存在的随机初始化聚类中心的问题。

8.5.2 基于距离的多中心半监督聚类算法

传统的 K-means 聚类算法随机选择 k 个初始聚类中心，但是随机选择的聚类中心容易影响聚类质量。针对这种不足，Basu 等[18]提出了 Constrained-Kmeans 和 Seeded-Kmeans 半监督 K-means 聚类算法。这种半监督 K-means 聚类算法是利用带标记的数据建立种子集，再通过一些选择算法从种子集中选择 k 个聚类中心指导未标记数据进行聚类。这种半监督聚类算法选择的 k 个中心是通过标记数据中的类型数目来确定的，而 k 的值等于标记数据中的类型种类个数，从每种类型的标记数据中选出一个对象作为聚类中心，而利用这种单个聚类中心的半监督聚类算法往往只能发现球状簇，无法发现其他几何形状的簇(如延伸状的簇)。据此，本节提出基于距离的多中心半监督聚类算法，该算法首先从每种类型的标签数据中寻找多个能够表示样本分布的中心点作为聚类中心，然后利用这些聚类中心进行聚类。利用多中心半监督聚类算法进行入侵行为识别，不仅能克服标记数据少的问题，还能够充分发现同类型数据，提升入侵检测性能。

根据距离度量方式对流量数据进行聚类，与算法相关的定义如下。

局部密度 ρ_i，即对象 i 在指定半径内所含所有对象的数量：

$$\rho_i = \sum_{i,j=1}^{n} x(d_{ij} - d_c) \tag{8.4}$$

式中，d_{ij} 为数据对象 i 和对象 j 之间的距离；d_c 为截距距离。

基于距离的多中心半监督聚类算法如算法 8.4 所示。

算法 8.4　基于距离的多中心半监督聚类算法

输入：$TD = TD_1 \bigcup TD_2$，其中 $TD_1 = \{x_{1l}, x_{2l}, \cdots, x_{ml}\}$ 为已有标记流量数据，

$\quad\quad TD_2 = \{x_{1u}, x_{2u}, \cdots, x_{nu}\}$ 为无标记流量数据

输出：β 个簇

1. 计算 ρ_i

---

2. 对 ρ_i 按照降序排列

3. 选择最大 ρ_i 对应的数据 x 作为第一个聚类中心点 y_j

4. 依次计算 ρ_i 中对应的 x_i 和 y_j 的距离 $D(x_i, y_j)$，若 $D(x_i, y_j) > 2d_c$，则 x_i 为中心点，直到 ρ_i 小于平均密度值为止

5. 获得 k 个初始聚类中心

6. **for** $i = 1, 2, \cdots, n$ **do**

7.   计算流量数据 TD_2 与各簇中心的欧氏距离

8.   根据距离最近的簇中心的类型标记流量数据 TD_2

9.   将 TD_2 划分为对应的簇：$y_j = y_j \bigcup TD_2$

10. **end for**

8.5.3 基于密度的多中心半监督聚类算法

基于密度的多中心半监督聚类算法主要依据距离的相似性度量完成聚类，需要已知聚类的数目，无法对未知网络流量数据进行聚类。因此，郭旭东[19]提出了一种基于密度的多中心半监督聚类算法，该算法根据密度连接完成聚类，不需要事先知晓聚类中心的数目；采用基于密度的多中心半监督聚类算法对入侵行为进行检测，且该算法属于预分类阶段。预分类是指利用标记数据获取多个聚类中心(聚类中心数量大于或等于原始数据中的类型个数)对原始数据进行简单的聚类，从而把整个数据集划分为多个子数据集，且该子数据集数目大于或等于标记数据中已知数据类型的个数。预分类得到的各个数据集中仍包含许多未知类型和聚类错误的数据，所以在预分类之后仍需要对这些数据集进行聚类，并将这些未知类型的数据进行重新划分聚类。重新划分聚类算法如算法 8.5 所示。

算法 8.5 重新划分聚类算法

输入：数据集 $X = \{x_1, x_2, \cdots, x_n\}$ 和 k 个聚类中心 $y_1, y_2, \cdots, y_k$

输出：数据集 $C = \{C_1, C_2, \cdots, C_k\}$

1. **for** $i = 1, 2, \cdots, n$ **do**

2.   计算 x_i 与各簇聚类中心 y_j 的距离

3.   将 x_i 划分到距离最近簇中心所对应的 C 中，$C_j = C_j \bigcup \{x_i\}(i < j < k)$

4. **end for**

8.5.4　实验结果与分析

实验采用 UCI 数据集对基于 K-means 的半监督流量识别算法、基于改进 K-means 的半监督流量识别算法、基于距离的多中心半监督聚类算法和基于密度的多中心半监督聚类算法四种算法进行分析，其实验结果如图 8.5 和图 8.6 所示。

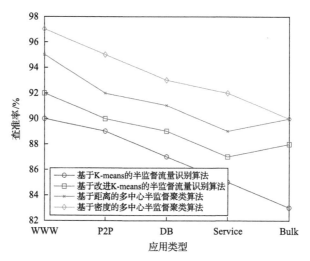

图 8.5　其他半监督流量识别算法的查准率

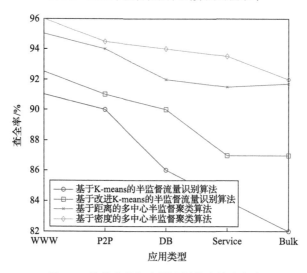

图 8.6　其他半监督流量识别算法的查全率

由图 8.5 和图 8.6 可知，采用基于改进 K-menas 的半监督流量识别算法对随机初始化聚类数目进行改进，无论在查准率方面还是在查全率方面，都有了一定程度的提升。如表 8.4 所示，基于距离的多中心半监督聚类算法对上述两种算法进行了改进，其识别总体正确率得到进一步提升；而基于密度的多中心半监督聚类算法的总体正确率达到了 93.4%。

表 8.4　其他四种算法的总体正确率

算法	总体正确率/%
基于 K-means 的半监督流量识别算法	86.8
基于改进 K-means 的半监督流量识别算法	89.2
基于距离的多中心半监督聚类算法	91.4
基于密度的多中心半监督聚类算法	93.4

8.6　本 章 小 结

本章对现有的有监督学习的流量识别算法和无监督学习的流量识别算法进行了研究，结合其特点，提出了一种基于半监督学习的流量识别算法。该算法利用前期的常见端口号和有效载荷分析对流量进行识别并标记，然后对未标记流量进行聚类分析，采用基于 K-means 的半监督流量识别算法获得聚类划分结果并利用少量标记信息完成类簇对应匹配过程。最终的实验结果表明，该半监督流量识别算法能取得较好的分类效果，降低了标记要求。同时考虑到算法实际应用时对参数 k 的选择比较敏感，其预先设定的初始值对算法的结果有着直接的影响。此外，在应对大容量数据集时，算法的实时性有待进一步提升，才能快速、高效地识别出相关网络流的应用类型。另外，本章还对其他半监督流量识别算法进行了讨论，实验结果表明，基于密度的多中心半监督聚类算法能取得更好的聚类效果。

参 考 文 献

[1] Nguyen T T T, Armitage G. A survey of techniques for internet traffic classification using machine learning[J]. IEEE Communications Surveys & Tutorials, 2008, 10(4): 56-76.

[2] Fraleigh C, Moon S, Lyles B, et al. Packet-level traffic measurements from the sprint IP

backbone[J]. IEEE Network, 2003, 17(6): 6-16.

[3] Friedman N, Geiger D, Goldszmidt M. Bayesian network classifiers[J]. Machine Learning, 1997, 29(2): 131-163.

[4] Quinlan J R. C4.5: Programs for Machine Learning[M]. Amsterdam: Elsevier, 2014.

[5] Burges C J C. A tutorial on support vector machines for pattern recognition[J]. Data Mining and Knowledge Discovery, 1998, 2(2): 121-167.

[6] Liu B, Hsu W, Ma Y M. Integrating classification and association rule mining[C]. Proceedings of the International Conference on Knowledge Discovery and Data Mining, New York, 1998: 80-86.

[7] Ng R, Han J. Efficient and effective clustering method for spatial data mining[C]. Proceedings International Conference Very Large Data Bases, Santiago, 1994: 144-155.

[8] Wagstaff K, Cardie C, Rogers S, et al. Constrained K-means clustering with background knowledge[C]. Proceedings of the 18th International Conference on Machine Learning, Williamsport, 2001: 577-584.

[9] Ester M, Kriegel H P, Sander J, et al. A density-based algorithm for discovering clusters in large spatial databases with noise[C]. Proceedings of the 2nd International Conference on Knowledge Discovery and Data Mining, Portland, 1996: 226-231.

[10] Zander S, Nguyen T, Armitage G. Automated traffic classification and application identification using machine learning[C]. IEEE Conference on Local Computer Networks 30th Anniversary, Sydney, 2005: 220-227.

[11] Yu S X, Shi J B. Segmentation given partial grouping constraints[J]. IEEE Transaction on Pattern Analysis and Machine Intelligence, 2004, 26(2): 173-183.

[12] Hertz T, Shental N, Bar-Hillel A, et al. Enhancing image and video retrieval: Learning via equivalence constraints[C]. IEEE Computer Society Conference on Computer Vision and Pattern Recognition, Madison, 2003: 668-674.

[13] Berkhin P, Becher J D. Learning simple relations: Theory and applications[C]. Proceedings of the SIAM International Conference on Data Mining, Stanford, 2002: 420-436.

[14] Erman J, Mahanti A, Arlitt M, et al. Semi-supervised network traffic classification[C]. Proceedings of the ACM SIGMETRICS International Conference on Measurement and Modeling of Computer Systems, New York, 2007: 369-370.

[15] 秦悦, 丁世飞. 半监督聚类综述[J]. 计算机科学, 2019, 46(9): 15-21.

[16] Zheng L, Li T. Semi-supervised hierarchical clustering[C]. IEEE 11th International

Conference on Data Mining, Vancouver, 2011: 982-991.

[17] 朱煜, 钱景辉, 季正波. 改进的基于广度优先搜索的 COP-Kmeans 算法[EB/OL]. http://www.paper.edu.cn/releasepaper/content/201507-93[2015-07-09].

[18] Basu S, Banerjee A, Mooney R. Semi-supervised clustering by seeding[C]. Proceedings of the 19th International Conference on Machine Learning, Sydney, 2002: 19-26.

[19] 郭旭东. 基于深度学习和半监督聚类的入侵检测技术研究[D]. 银川: 宁夏大学, 2019.

第9章 基于深度学习的流量识别算法

9.1 引 言

随着新技术的不断发展和创新，深度学习作为机器学习的一种代表性算法已得到了普遍应用。深度学习是初始数据经过不断学习以及抽象获得这些数据的描述或表达。简单地说，深度学习是从原始数据学习特征表示的过程。原始数据可以是图像数据和语音，也可以是文字，这种表达就是一些简洁的数字化表达。深度学习的关键是怎么去学习这个表达，这个表达是经过多层非线性的复杂结构学习得到的，最终目的是希望经过端到端的训练使数据能够直接学习数据表示。深度学习的主要目的是使机器学习能够进一步接近最初的目标——人工智能。尽管深度学习已经在很多领域得到了应用[1-13]，但是目前深度学习算法流量识别领域的应用还处于初级阶段。基于机器学习的传统流量识别算法存在识别正确率不稳定、算法复杂度高等问题。

2006 年，Hinton 等[14]提出了采用预训练的模式能明显改善深层神经网络的训练效果，并由此开启了深度学习的研究热潮，并将深度学习应用到各个领域，特别是人工智能领域。在传统的网络流量管理及网络流量识别领域，也有一些应用深度学习算法的研究。例如，陈雪娇等[15]提出了一种基于卷积神经网络的加密流量识别算法，与传统机器学习算法进行实验对比分析，所提出的 CNN 算法具有较高的识别正确率，但需要进一步考虑降低特征属性的维度，减少训练参数的复杂度。王勇等[16]提出了一种深度卷积神经网络流量识别算法，设计适用于流量分类应用的卷积层特征面及全连接层参数，构造能够实现流量自主特征学习的最优分类模型。实验表明，所提算法可以在避免复杂显式特征提取的同时达到提高分类正确率的效果。

从 2005 年开始，基于机器学习的流量分类识别算法逐渐成为研究热点并广泛应用于生物、金融、商贸、市场营销等多个领域。基于机器学习的流量分类识别算法通过建立相关数据集，构建适当的分类识别模型并学习发现流量数据的内在联系，获取了较好的分类结果。基于机器学习的流量分类识别算法主要分为基于有监督学习、基于无监督学习和基于半监督学习的流量分类识别算法。本章首先提出一种基于有监督学习的神经网络分类算法,其采用贝叶斯正则化原则并利用 FCBF 属性选择算法优化属性测度分布,以提高分类的总体正确率。随后构建一个新的基于自组织映射网络和概率神经网络的流量识别模型,通过确立调整网络权重的函数关系,构建统一的函数模型。理论分析和实验结果都表明,通过合理地调整参数可以实现网络分类识别性能的优化并获取有效的高精度的流量识别类型。

　　本章内容组织如下:9.2 节简要介绍当前常见的深度学习模型;9.3 节介绍基于卷积神经网络的流量识别算法;9.4 节说明实验数据集的整理、训练数据集和测试数据集的组成原则以及实验结果;9.5 节对全章内容进行总结。

9.2　常见的深度学习模型

　　目前,深度学习模型主要包括堆叠自动编码器、深度置信网络、深度玻尔兹曼机、卷积神经网络。本节对这四种基本模型进行简单介绍。

9.2.1　堆叠自动编码器

　　自动编码器(autoencoder, AE)主要由解码器、编码器以及隐藏层组成,工作原理如图 9.1 所示。

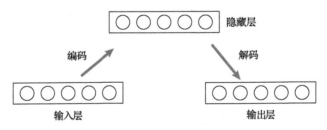

图 9.1　自动编码器工作原理

　　自动编码器的中心思想是:首先进行输入信号的编码,然后使用编码信号重建初始信号,使初始信号与重建信号之间的误差最小。在编码与重建过程中,编码器将输入数据映射到特定的特征空间,然后编码信号特征被解码器映射回数据空间,最后初始数据完成重建。对于自动编码器,人们关心的是从输入到编码的映射,在强迫编码数据和输入数据不同的情况下,系统能够复原初始信号,以一种不同于原始输入数据的形式进行特征提取,达到自动学习的目的。

2006 年，Hinton 等[17]在前人的基础上对编码器的结构进行升级改进，提出了去噪自动编码器(denoising autoencoder, DAE)，之后，国内外研究人员逐渐提出收缩自动编码器(contractive autoencoder, CAE)、稀疏自动编码器(sparse autoencoder, SAE)、卷积自动编码器等。以上自动编码器均为堆叠自动编码器。堆叠自动编码器是通过简单的自动编码结构进行 n 次叠加而形成的深层网络结构，其实现方式如图 9.2 所示。

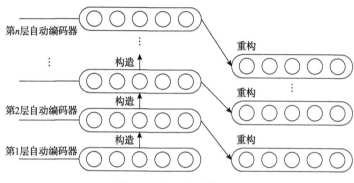

图 9.2　堆叠自动编码器

图 9.2 中，有 n 层自动编码器，并且是从下而上依次进行训练的。首先对第 1 层自动编码器进行训练，最小化其初始输入的重构误差；然后将第 1 层自动编码器的输出作为第 2 层自动编码器的输入进行训练，重复本次操作，直至最后一层；接着利用最后一层的输出作为有监督层的输入，并初始化其参数；最后依据有监督层的标准，仅对最高层微调或者所有层进行适度微调。

9.2.2　深度置信网络

如果有一个二部图，层与层之间不存在连接，第一层是数据输入层，即可视层(图 9.3 的 v 层)，第二层是隐藏层(图 9.3 的 h 层)，假设全部节点都是随机的二值变量节点，同时全概率的分布 $p(v,h)$ 符合玻尔兹曼分布，该类模型称为受限玻尔兹曼机，具体模型如图 9.3 所示。

受限玻尔兹曼机的特点是：对于给定可视层单元状态(输入数据)，各隐藏层单元的激活条件独立；反之，对于给定隐藏层单元状态，可视层单元的激活条件也是独立的。尽管受限玻尔兹曼机所表现出的分布仍无法有效计算，但可通过吉布斯(Gibbs)采样得到服从受限玻尔兹曼机表示分布的随机样本。只要隐藏层单元的数量足够大，受限玻尔兹曼机就能拟合任意离散分布。在

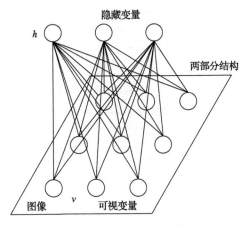

图 9.3　受限玻尔兹曼机模型

应用方面, 受限玻尔兹曼机模型已成功用于解决各种机器学习问题, 如回归、分类、高维、降维时间序列建模、图像协同过滤和特征提取等。

深度置信网络 (deep belief network, DBN) 由多个受限玻尔兹曼机模型反复叠加而成, 有着多层隐藏解释因子的神经网络, 典型的 DBN 结构如图 9.4所示。网络层与层之间保持连接, 但是每层单元之间不存在连接。可视层单元所表现出的数据相关性被隐藏层单元的训练所捕捉。

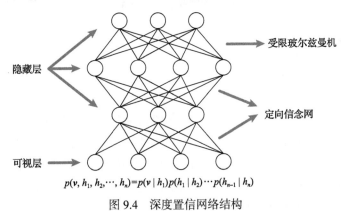

$$p(v, h_1, h_2, \cdots, h_n) = p(v \mid h_1)p(h_1 \mid h_2)\cdots p(h_{n-1} \mid h_n)$$

图 9.4　深度置信网络结构

在深度置信网络训练过程 (图 9.5) 中, 首先通过非监督贪心逐层算法进行预训练, 从而获取模型生成的特征值, 其中非监督贪心逐层算法又称为对比分歧并被证实有效。在训练过程中, 可视层产生向量 v, 并通过 v 将数据传递给隐藏层; 否则, 可视层的输入数据会被随机选择, 用以尝试重新构建原始的

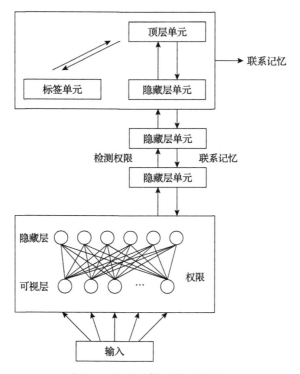

图 9.5 深度置信网络训练过程

输入信号。之后新的可视单元的神经元激活单元继续向前输入传递，重新构建隐藏层激活单元。这些不断反复的过程也称为吉布斯采样，可视层输入数据与隐藏层激活单元之间的相关性差别是衡量权值更新的重要依据。通过这种不断的自下而上的方式对每一层受限制玻尔兹曼机进行训练。

最上层的权限连接在一起，底层所输出的数据可以提供与顶层的关联，将这个关联联系到它的记忆内容，并最终得到判别性能。预训练完成之后，网络获得一个较好的初始数据，但这并不是最优解。深度置信网络再利用带标签的数据通过误差反向传播调整判别性能，同时对顶层添加一个标签集。通过反复学习，识别权值将获得网络的分类面，这比单一的误差反向传播算法训练的网络更具优势，并且比前向神经网络训练速度更快，收敛时间更短。

深度置信网络是深度学习的一个重要转折点，它的出现对当前语音处理、图像处理等领域，特别是大数据的开发具有突出贡献。

9.2.3　深度玻尔兹曼机

深度玻尔兹曼机(deep Boltzmann machine, DBM)是由受限玻尔兹曼机叠加形成的,这点与深度置信网络类似。深度玻尔兹曼机与深度置信网络的区别在于:前者的层与层之间均为无向连接,不存在自上而下的反馈参数调节。深度玻尔兹曼机的训练方式是:首先使用无监督的预训练得到预期的初始权限;然后使用场均值算法;最后进行有监督微调。

深度玻尔兹曼机有别于其他模型的特点在于:①深度玻尔兹曼机有能力学习复杂数据的内在表征,同时是语音识别和对象识别的一种新方式,提升了深度学习在语音处理领域的影响力。②深度玻尔兹曼机能够在大量无标记的自然界存在的数据信息中构建出高等表征。为达到期望值,深度玻尔兹曼机会利用已知的人为有标记数据微调模型。③深度玻尔兹曼机还能够对模糊的输入数据信息进行更具鲁棒性的处理,并能够更好地进行传播,以此减小数据在传播过程中带来的误差。

9.2.4　卷积神经网络

卷积神经网络最早提出于 20 世纪 80 年代,是研究人员在对猫的脑皮层进行研究时受到启发而提出的。LeNet-5 是卷积神经网络的经典模型,在 MNIST 数据集上的错误率仅为 0.9%,且早就应用于银行的手写支票识别上,但因其不能很好地识别大尺寸图像,而被人们忽视。随着技术的发展,2012 年 Krizhevsky 等[18]利用高效图形处理器计算机成功解决了 ImageNet 数据集训练的问题,这也使得卷积神经网络再度成为研究热点。

目前,卷积神经网络是语音数据分析、图像识别处理等领域的热点话题。卷积神经网络具有权限共享的网络结构,这使其更接近于生物神经网络,有效地降低了网络模型复杂度,减少了权值数目。尤其在高维图像处理上优点更加突出,能够使图像直接成为整个网络的输入,有效避免了传统算法中所需的复杂特征提取以及数据重建过程。在图像识别过程中,卷积神经网络对比例缩放、倾斜、平移或者其他形式的图像变形具有高度不变性。

作为一个多层神经网络,卷积神经网络结构每层均由多个二维平面构成,每个平面均由独立的神经元构成。层与层之间使用稀疏连接,也就是说每个特征图中的神经元只连接上层特征图中某个小区域的神经元,而非传统神经网络的全连接方式。卷积神经网络模型如图 9.6 所示。

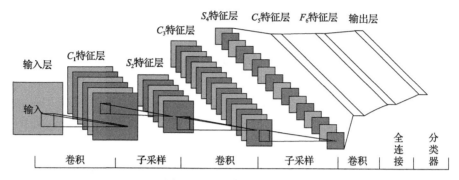

图 9.6　卷积神经网络模型

卷积神经网络主要通过局部感受野、卷积、子采样三种结构来保证输入数据的高度不变性。

(1)局部感受野。图 9.6 中第一个隐藏层含有 6 个特征图，每个特征图对应输入层中的一个小方框就是一个局部感受野，或者称为滑动窗口。

(2)卷积。卷积层 l 中第 j 个特征映射的激活值 $\boldsymbol{a}_j^l$ 如下：

$$\boldsymbol{a}_j^l = f\left[\boldsymbol{b}_j^l + \sum_{i\in \boldsymbol{M}_j^l} \boldsymbol{a}_i^{(l-1)} * W_{ij}^l\right] \tag{9.1}$$

式中，f 是非线性函数；$*$ 是二维卷积操作；$\boldsymbol{b}_j^l$ 是第 l 层第 j 个单元偏执向量；$\boldsymbol{M}_j^l$ 是第 $l-1$ 层特征映射中 i 的索引向量，第 l 层特征映射 j 需要累加；W_{ij}^l 是权值，是作用在 $l-1$ 层的特征映射 i 的卷积核生成第 l 层特征映射 j 累加的输入部分。每个卷积层通常由几个特征图组成，在同一个特征图的权值相同，其目的是减少自有参数数量。

(3)子采样。平移卷积层的输入同时也将平移输出，其特征不变，且只要检测到一个特征，将不再考虑其准确位置，仅需保存其他特征的相对近似位置即可。所以，每个卷积层之后都有一个执行局部均值化的子采样层，用以降低输出时与变形和平移相关的灵敏度。子采样层 l 的特征映射 j 为

$$\boldsymbol{a}_j^l = \text{down}\left[\boldsymbol{a}_i^{l-1}, N^l\right] \tag{9.2}$$

式中，N^l 为第 l 层子采样层所需局部感受野边界大小；down 为在因子 N^l 下进行的下采样函数。

式(9.2)是对大小为 $N^l \times N^l$ 的局部感受野非重叠部分进行的均值运算。

如果神经元输出层是 n 维，就可以对 n 个类进行鉴别，输出层是前层连接特征映射输出表征：

$$\text{output} = f(\boldsymbol{b}, \boldsymbol{W}, \boldsymbol{f}_v) \tag{9.3}$$

式中，$\boldsymbol{b}$ 为偏值向量；$\boldsymbol{W}$ 为权值矩阵；$\boldsymbol{f}_v$ 为特征向量；模型参数为 $\{W_{ij}^l, b_j^l, \boldsymbol{b}, \boldsymbol{W}\}$。

卷积神经网络主要由卷积层及子采样层进行逐层交替组成，随着空间解析度的减小，特征图的数量不断增加。

卷积神经网络的训练过程如下。

第一阶段是前向训练阶段：

(1)根据给定的样本集随机抽取样本；

(2)将样本以初始数据输入网络；

(3)通过计算得出相对应的输出数据。

第二阶段是后向传播阶段：

(1)运算出理想数据信息与输出数据信息之间的差；

(2)依据极小化误差的算法进行反向传播，进而调整权值矩阵。

9.3　基于卷积神经网络的流量识别算法

卷积神经网络是最常见的一种深度学习算法，具有高度非线性的特性，且具有局部连接、权值共享等优点，可以尽可能地减少不重要的参数，提高效率，达到更好的学习效果。基于卷积神经网络流量识别算法的典型步骤如下：

(1)原始数据的收集；

(2)数据集的预处理；

(3)设计卷积神经网络的体系结构；

(4)训练卷积神经网络的训练数据集；

(5)使用卷积神经网络进行流量识别；

(6)结果性能评估。

本节采用卷积神经网络对流量进行分类。对原始数据进行预处理，经过流量匿名化、流量清理等过程，根据其二进制将其转化为图片，生成的图片作为卷积神经网络的输入。图 9.7 显示了基于卷积神经网络流量识别过程。

图 9.7　基于卷积神经网络的流量识别过程

在训练过程中采用的损失函数是交叉熵函数，此外，还采用了 L_2 正则项，其中 λ 为正则参数。因此，代价函数如下：

$$L(\boldsymbol{W}, \boldsymbol{b}) = -\frac{1}{m} \sum_{i=1}^{m} \left[y_i \ln \hat{y}_i + (1 - y_i) \ln(1 - \hat{y}_i) \right] + \frac{\lambda}{2m} \|\boldsymbol{W}\|_2^2 \tag{9.4}$$

训练过程采用梯度下降法不断更新权值 $\boldsymbol{W}$ 和偏置值 $\boldsymbol{b}$ 进行反向传播，设学习率为 ρ，更新迭代的定义见式（9.5）和式（9.6）：

$$\boldsymbol{W}' = \boldsymbol{W} - \rho \frac{\partial L}{\partial \boldsymbol{W}} \tag{9.5}$$

$$\boldsymbol{b}' = \boldsymbol{b} - \rho \frac{\partial L}{\partial \boldsymbol{b}} \tag{9.6}$$

本章对基于卷积神经网络的流量识别（traffic identification based on CNN, TICNN）算法、朴素贝叶斯算法和 SVM 分类算法进行比较。算法 9.1 是 TICNN 算法的伪代码。

算法 9.1　TICNN 算法（实验采用默认值 ρ=0.001）

输入：ρ，学习率；l，网络深度；$\boldsymbol{x}$，输入流量

　　　　$\boldsymbol{W}^{(i)}, i \in \{1, 2, \cdots, l\}$，模型的权重矩阵

　　　　$\boldsymbol{b}^{(i)}, i \in \{1, 2, \cdots, l\}$，模型的偏置值

输出：y，应用类型

1.　$\boldsymbol{h}^{(0)} = \boldsymbol{x}$

2.　**for** $k = 1, 2, \cdots, l$ **do**

3.　　　　$\boldsymbol{a}^{(k)} = \boldsymbol{b}^{(k)} + \boldsymbol{W}^{(k)} \boldsymbol{h}^{(k-1)}$

4.　　　　$\boldsymbol{h}^{(k)} = \text{Relu}\left[\boldsymbol{a}^{(k)} \right]$

5.　**end for**

6.　　　　$\hat{\boldsymbol{y}} = \boldsymbol{h}^{(k)}$

7.　　　　$J = L(\hat{\boldsymbol{y}}, \boldsymbol{y}) + \lambda \Omega(\theta)$

8.　　　　$g \leftarrow \nabla_{\hat{v}} J = \nabla_{\hat{v}} L(\hat{\boldsymbol{y}}, \boldsymbol{y})$

9.　**for** $k = l, l-1, \cdots, 1$ **do**

10.　　$g \leftarrow \nabla_{a^{(k)}} J = g \odot \mathrm{Relu}\left[a^{(k)}\right]$

11.　　$\nabla_{h^{(k)}} J = g + \lambda \nabla_{h^{(k)}} \Omega(\theta)$

12.　　$\nabla_{W^{(k)}} J = g h^{(k-1)^{\mathrm{T}}} + \lambda \nabla_{W^{(k)}} \Omega(\theta)$

13.　　$g \leftarrow \nabla_{h^{(k-1)}} J = W^{(k)^{\mathrm{T}}} g$

14. **end for**

然而卷积神经网络每个卷积核只能选取一个特征，多个特征就需要多个卷积核，卷积神经网络采用的是权值共享策略，如何进一步优化权值将是提高卷积神经网络性能的一个突破。因此，本章利用量子粒子群优化(quantum particle swarm optimization, QPSO)算法对权值进行优化。在 QPSO 算法中每个粒子为 N 维搜索空间的一个搜索个体，粒子的当前位置为对应优化问题的一个候选解。粒子有速度和位置两个属性，每个粒子寻求最优解，通过不断迭代更新位置和速度，最终得到满足终止条件的最优解。

QPSO 算法的主要目的是最小化问题，目标函数值越小，相应的适应值越优。对于粒子 i 的个体最好的位置如式(9.7)所示：

$$P_i(t) = \begin{cases} X_i(t), & f[X_i(t)] < f[P_i(t-1)] \\ P_i(t-1), & f[X_i(t)] \geqslant f[P_i(t-1)] \end{cases} \tag{9.7}$$

全局最优的位置见式(9.8)和式(9.9)：

$$g = \arg \min_{1 \leqslant i \leqslant M} \{f[P_i(t)]\} \tag{9.8}$$

$$G(t) = P_g(t) \tag{9.9}$$

这里提出基于 QPSO 的卷积神经网络(TICNN-QPSO)流量识别算法，该算法的伪代码如算法 9.2 所示。

算法 9.2　TICNN-QPSO 算法(实验采用的默认值 $\rho=0.001$)

输入：ρ，学习率；l，网络深度；$X_i(0)$，每个粒子当前的位置；x，输入流量
　　　$W^{(i)}, i \in \{1,2,\cdots,l\}$，模型的权重矩阵
　　　$b^{(i)}, i \in \{1,2,\cdots,l\}$，模型的偏置值

输出：y，应用类型

1. 每个个体最好的位置为 $P_i(0) = X_i(0)$

2. 根据式 (9.9) 计算粒子群平均最好的位置

3. **for** $j = 1, 2, \cdots, i$ **do**

4. 计算粒子 i 当前位置 $X_i(t)$ 的适应值，根据式 (9.7) 更新粒子的个体最好位置，将 $X_i(t)$ 的适应值与前一次迭代 $P_i(t-1)$ 的适应值进行比较，如果
$$f[X_i(t)] < f[P_i(t-1)]，则 P_i(t) = X_i(t)；否则，P_i(t) = P_i(t-1)$$

5. 计算粒子 i，将 $P_i(t)$ 的适应值与全局最优位置 $G(t-1)$ 的适应值进行比较，如果
$$f[P_i(t)] < f[G(t-1)]，则 G(t) = P_i(t)；否则，G(t) = G(t-1)$$

6. $h^{(0)} = x$

7. **for** $k = 1, 2, \cdots, l$ **do**

8. $\quad a^{(k)} = b^{(k)} + W^{(k)} h^{(k-1)}$

9. $\quad h^{(k)} = \text{Relu}\left[a^{(k)} \right]$

10. **end for**

11. $\hat{y} = h^{(k)}$

12. $J = L(\hat{y}, y) + \lambda \Omega(\theta)$

13. $g \leftarrow \nabla_{\hat{y}} J = \nabla_{\hat{y}} L(\hat{y}, y)$

14. **for** $k = l, l-1, \cdots, 1$ **do**

15. $\quad g \leftarrow \nabla_{a^{(k)}} J = g \odot \text{Relu}\left[a^{(k)} \right]$

16. $\quad \nabla_{h^{(k)}} J = g + \lambda \nabla_{h^{(k)}} \Omega(\theta)$

17. $\quad \nabla_{W^{(k)}} J = g h^{(k-1)\mathrm{T}} + \lambda \nabla_{W^{(k)}} \Omega(\theta)$

18. $\quad g \leftarrow \nabla_{h^{(k-1)}} J = W^{(k)\mathrm{T}} g$

19. **end for**

9.4 实 验

9.4.1 数据集

本章采用的数据集是作者在本地搭建的实验环境从真实的网络环境下采集的 P2P 数据。该数据集由 QQlive、PPlive、迅雷、PPS、乐视网络、优酷视频等流量组成。采用 WireShark 工具对流量的特征进行抽取，并对数据进行标注处理。P2P 数据集如表 9.1 所示。

表 9.1　P2P 数据集

编号	应用	流数	比例/%
1	QQlive	328091	86.91
2	PPlive	28567	7.567
3	迅雷	11539	3.056
4	PPS	2648	0.701
5	乐视网络	2099	0.556
6	优酷视频	2094	0.555

9.4.2　实验软硬件平台

为了评估 TICNN 算法和 TICNN-QPSO 算法的性能，采用查准率、查全率和总体正确率对算法进行衡量，并与 NB 和 SVM 等算法进行比较。实验所采用的软硬件设备包括操作系统 Windows 10，处理器 Intel(R) Core(TM)，采用 Python 语言和 MATLAB。

本实验采用指数激活单元(exponential linear unit, ELU)[15]优化深度学习模型以提高流量识别正确率。ELU 函数表达式为

$$f(x)=\begin{cases} x, & x \geqslant 0 \\ \sigma[\exp(x)-1], & x<0 \end{cases} \tag{9.10}$$

$$f(x)=\begin{cases} x, & x \geqslant 0 \\ f(x)+\sigma, & x<0 \end{cases} \tag{9.11}$$

式中，超参数 σ 控制值使当网络输入为负值时输出也为负值。

9.4.3　实验训练集

为了验证本章所提出流量识别算法的性能，本节采用分层抽样的子集作为训练集。首先对数据进行预处理，通过过滤策略消除无关属性和冗余属性。将分层抽样率逐渐增大到 1%、10%、20%，每个相应的实验各自重复 10 次。

本节使用分类查准率作为考察准确性的重要指标，表 9.2 比较了四种算法在 10 次重复实验中使用 10%的分层抽样下各应用类型的分类查准率。

表 9.2　分层抽样下分类查准率　　　　　（单位：%）

应用	NB	SVM	TICNN	TICNN-QPSO
QQlive	74.38/72.6	77.28/76.4	98.92/97.25	99/96
PPlive	62.56/64.5	64.37/63.2	92.74/90.8	94/92
迅雷	58.41/56.3	65.44/63.8	71.31/70.26	80/82
PPS	67.38/66.9	62.55/61.22	68.76/65.38	77/75
乐视网络	60.29/57.4	62.29/61.43	86.52/82.9	88/86
优酷视频	67/65.2	69/68.4	83.8/82.7	85/84

NB 算法中关于特征属性的假设不够准确，表 9.3 的结果进一步证明了与朴素贝叶斯算法及 SVM 算法相比，TICNN 算法和 TICNN-QPSO 算法的总体正确率较高，拥有明显的优势。

表 9.3　分层抽样下总体正确率

算法	总体正确率/%
NB 算法	65
SVM 算法	66.8
TICNN 算法	83.7
TICNN-QPSO 算法	87.1

为了比较两种机器学习算法的鲁棒性，本节通过分析分层抽样的训练数据集的大小与标准方差之间的关系来考察其分类性能。

本节利用均匀抽样进行进一步分析，将表 9.1 中的 P2P 数据集均分为两个数据子集，分别记为 set1 和 set2，并且保持这两个数据子集中每类样本的比例与原数据集一致。从 set1 的网络流数据子集中抽取每种应用各 100 个，组成一个各类样本数量均等的训练数据集，采用 FCBF 算法对数据集进行过滤，分别采用 NB、SVM、TICNN 和 TICNN-QPSO 这四种算法构建分类模型，再用数据集 set2 测试所获得的模型，重复上述实验 10 次并求得实验结果的均值。

表 9.4 给出了四种算法在均匀采样条件下的查准率和查全率，从中可以看出，因为训练数据集相对较小，这四种算法的分类查准率和查全率均有一定程度的下降。但是，TICNN-QPSO 算法在均匀抽样下的分类查准率和查全

率随着训练数据集的增大而稳定地提升，NB 算法的分类查准率和查全率是波动和不稳定的。除了不恰当的高斯分布的假设，另一个原因是两个数据集中各类样本的分布不完全相同，从而无法保证 NB 算法先验概率保持不变的设定。

表 9.4　均匀抽样下查准率/查全率　　　　　　　（单位：%）

应用	NB 算法	SVM 算法	TICNN 算法	TICNN-QPSO 算法
QQlive	67.38/65.8	74.12/72.6	94.73/95.82	96/93
PPlive	59.35/61.7	61.24/60.9	90.16/87.2	93/90
迅雷	55.3/52.5	63.6/61.2	69.29/67.44	79/76
PPS	64.15/63.8	60.8/59.85	66.24/63.48	74/72
乐视网络	55.8/53.2	59.7/58.56	78.28/76.4	84/83
优酷视频	62/60.4	65/66.4	80.78/78.2	82/80

　　在 897 个样本的训练集内各类样本各自的分类总体正确率，如表 9.5 所示。表 9.5 中的结果表明，虽然均匀采样下训练数据集的样本数较小，其统计特性不明显，但 TICNN-QPSO 算法仍然可以获得各种类型的良好的总体正确率。与此相反，NB 算法的分类总体正确率却下降明显，主要因为采样算法的改变导致 NB 算法先验概率不变的假设失效，使得分类总体正确率进一步下降。在均匀抽样条件下，各次实验的样本数相对较少，实验所需的训练时间也相对较短，其对系统的时空开销也相对较小。

表 9.5　均匀抽样下总体正确率

算法	总体正确率/%
NB 算法	60.66
SVM 算法	64
TICNN 算法	79.9
TICNN-QPSO 算法	84.67

9.5　本 章 小 结

　　随着互联网的不断发展，网络流量规模不断扩大，行为特征逐渐复杂化，庞大的网络流量数据给流量识别带来严峻挑战。此外，网络中新型网络应用层出不穷，导致传统的网络流量分类模型效率下降。深度学习作为目前较为热门的一种机器学习算法，已被广泛应用到诸多研究领域。本章介绍了基于卷积神经网络的流量识别算法，并对其进行改进和优化，提出基于 QPSO 的卷积神经网络流量识别算法(TICNN-QPSO)，通过引入 QPSO 机制对网络流量进行识别，采用不同的数据集和数据采样方式分别进行性能评估实验，通过识别正确率等性能指标验证模型的有效性。

参 考 文 献

[1] Clevert D A, Unterthiner T, Hochreiter S. Fast and accurate deep network learning by exponential linear units (ELUS)[J]. ArXiv Preprint, 2015, 1511: 07289.

[2] 张建明, 詹智财, 成科扬. 深度学习的研究与发展[J]. 江苏大学学报(自然科学版), 2015, 2(2): 191-200.

[3] 余凯, 贾磊, 陈雨强. 深度学习的昨天、今天和明天[J]. 计算机研究与发展, 2013, 50(9): 1799-1804.

[4] 胡振, 傅昆, 张长水. 基于深度学习的作曲家分类问题[J]. 计算机研究与发展, 2014, 9(9): 1945-1954.

[5] 刘建伟, 刘媛, 罗雄麟. 深度学习研究进展[J]. 计算机应用研究, 2014, 31(7): 1921-1930.

[6] 孙建文. 基于深度学习的中文文档检索的应用[D]. 长春: 吉林大学, 2015.

[7] 冯钜涛, 李君, 方天翎, 等. 深度学习及其在目标和行为识别中的新进展[J]. 中国普通外科杂志, 2012, (7): 31-34.

[8] 李海峰, 李纯果. 深度学习结构和算法比较分析[J]. 河北大学学报(自然科学版), 2012, (5): 95-101.

[9] 林妙真. 基于深度学习的人脸识别研究[D]. 大连: 大连理工大学, 2013.

[10] 郭丽丽, 丁世飞. 深度学习研究进展[J]. 计算机科学, 2015, (5): 34-39.

[11] Bengio Y, Delalleau O. On the expressive power of deep architectures[C]. International Conference on Algorithmic Learning Theory, Berlin, 2011: 18-36.

[12] Bengio Y. Learning deep architectures for AI[J]. Machine Learning, 2009, 2(1): 1-127.

[13] Deng L, Yu D. Deep convex net: A scalable architecture for speech pattern classification[J]. The 21st Annual Conference of the International Speech Communication Association, 2011, 13(1): 2285-2288.

[14] Hinton G E, Osindero S, Teh Y W. A fast learning algorithm for deep belief nets[J]. Neural Computation, 2006, 18(7): 1527-1554.

[15] 陈雪娇, 王攀, 俞家辉. 基于卷积神经网络的加密流量识别算法[J]. 南京邮电大学学报(自然科学版), 2018, 38(6): 40-45.

[16] 王勇, 周慧怡, 俸皓, 等. 基于深度卷积神经网络的网络流量分类算法[J]. 通信学报, 2018, 39(1): 14-23.

[17] Hinton G E, Salakhutdinov R R. Reducing the dimensionality of data with neural networks[J]. Science, 2006, 313(5786): 504-507.

[18] Krizhevsky A, Sutskever I, Hinton G E. ImageNet classification with deep convolutional neural networks[J]. Advances in Neural Information Processing Systems, 2017, 60(6): 84-90.

附　　录

附表　Moore 提出的 248 种测度属性集合

测度编号	测度
1	Server Port
2	Client Port
3	min_IAT
4	q1_IAT
5	med_IAT
6	mean_IAT
7	q3_IAT
8	max_IAT
9	var_IAT
10	min_data_wire
11	q1_data_wire
12	med_data_wire
13	mean_data_wire
14	q3_data_wire
15	max_data_wire
16	var_data_wire
17	min_data_ip
18	q1_data_ip
19	med_data_ip
20	mean_data_ip
21	q3_data_ip
22	max_data_ip
23	var_data_ip
24	min_data_control

续表

测度编号	测度
25	q1_data_control
26	med_data_control
27	mean_data_control
28	q3_data_control
29	max_data_control
30	var_data_control
31	total_packets_a b
32	total_packets_b a
33	ack_pkts_sent_a b
34	ack_pkts_sent_b a
35	pure_acks_sent_a b
36	pure_acks_sent_b a
37	sack_pkts_sent_a b
38	sack_pkts_sent_b a
39	dsack_pkts_sent_a b
40	dsack_pkts_sent_b a
41	max_sack_blks/ack_a b
42	max_sack_blks/ack_b a
43	unique_bytes_sent_a b
44	unique_bytes_sent_b a
45	actual_data_pkts_a b
46	actual_data_pkts_b a
47	actual_data_bytes_a b
48	actual_data_bytes_b a
49	rexmt_data_pkts_a b
50	rexmt_data_pkts_b a
51	rexmt_data_bytes_a b
52	rexmt_data_bytes_b a
53	zwnd_probe_pkts_a b
54	zwnd_probe_pkts_b a

测度编号	测度
55	zwnd_probe_bytes_a b
56	zwnd_probe_bytes_b a
57	outoforder_pkts_a b
58	outoforder_pkts_b a
59	pushed_data_pkts_a b
60	pushed_data_pkts_b a
61	SYN_pkts_sent_a b
62	FIN_pkts_sent_a b
63	SYN_pkts_sent_b a
64	FIN_pkts_sent_b a
65	req_1323_ws_a b
66	req_1323_ts_a b
67	req_1323_ws_b a
68	req_1323_ts_b a
69	adv_wind_scale_a b
70	adv_wind_scale_b a
71	req sack_a b
72	req sack_b a
73	sacks_sent_a b
74	sacks_sent_b a
75	urgent_data_pkts_a b
76	urgent_data_pkts_b a
77	urgent_data_bytes_a b
78	urgent_data_bytes_b a
79	mss_requested_a b
80	mss_requested_b a
81	max_segm_size_a b
82	max_segm_size_b a
83	min_segm_size_a b
84	min_segm_size_b a

续表

测度编号	测度
85	avg_segm_size_a b
86	avg_segm_size_b a
87	max_win_adv_a b
88	max_win_adv_b a
89	min_win_adv_a b
90	min_win_adv_b a
91	zero_win_adv_a b
92	zero_win_adv_b a
93	avg_win_adv_a b
94	avg_win_adv_b a
95	initial-window-bytes_a b
96	initial-window-bytes_b a
97	initial-window-packets_a b
98	initial-window-packets_b a
99	ttl-stream-length_a b
100	ttl-stream-length_b a
101	missed-data_a b
102	missed-data_b a
103	truncated-data_a b
104	truncated-data_b a
105	truncated-packets_a b
106	truncated-packets_b a
107	data-xmit-time_a b
108	data-xmit-time_b a
109	idletime-max_a b
110	idletime-max_b a
111	throughput_a b
112	throughput_b a
113	RTT-samples_a b
114	RTT-samples_b a

续表

测度编号	测度
115	RTT-min_a b
116	RTT-min_b a
117	RTT-max_a b
118	RTT-max_b a
119	RTT-avg_a b
120	RTT-avg_b a
121	RTT-stdv_a b
122	RTT-stdv_b a
123	RTT-from-3WHS_a b
124	RTT-from-3WHS_b a
125	RTT-full-sz-smpls_a b
126	RTT-full-sz-smpls_b a
127	RTT-full-sz-min_a b
128	RTT-full-sz-min_b a
129	RTT-full-sz-max_a b
130	RTT-full-sz-max_b a
131	RTT-full-sz-avg_a b
132	RTT-full-sz-avg_b a
133	RTT-full-sz-stdev_a b
134	RTT-full-sz-stdev_b a
135	post-loss-acks_a b
136	post-loss-acks_b a
137	segs-cum-acked_a b
138	segs-cum-acked_b a
139	duplicate-acks_a b
140	duplicate-acks_b a
141	triple-dupacks_a b
142	triple-dupacks_b a
143	max-#-retrans_a b
144	max-#-retrans_b a

测度编号	测度
145	min-retr-time_a b
146	min-retr-time_b a
147	max-retr-time_a b
148	max-retr-time_b a
149	avg-retr-time_a b
150	avg-retr-time_b a
151	sdv-retr-time_a b
152	sdv-retr-time_b a
153	min-data-wire_a b
154	q1-data-wire_a b
155	med-data-wire_a b
156	mean-data-wire_a b
157	q3-data-wire_a b
158	max-data-wire_a b
159	var-data-wire_a b
160	min-data-ip_a b
161	q1-data- ip_a b
162	med-data-ip_a b
163	mean-data-ip_a b
164	q3-data-ip_a b
165	max-data-ip_a b
166	var-data-ip_a b
167	min-data-control_a b
168	q1-data-control_a b
169	med-data-control_a b
170	mean-data-control_a b
171	q3-data-control_a b
172	max-data-control_a b
173	var-data-control_a b
174	min-data-wire_b a

续表

测度编号	测度
175	q1-data-wire_b a
176	med-data-wire_b a
177	mean-data-wire_b a
178	q3-data-wire_b a
179	max-data-wire_b a
180	var-data-wire_b a
181	min-data-ip_b a
182	q1-data-ip_b a
183	med-data-ip_b a
184	mean-data-ip_b a
185	q3-data-ip_b a
186	max-data-ip_b a
187	var-data-ip_b a
188	min-data-control_b a
189	q1-data-control_b a
190	med-data-control_b a
191	mean-data-control_b a
192	q3-data-control_b a
193	max-data-control_b a
194	var-data-control_b a
195	min-IAT_a b
196	q1-IAT_a b
197	med-IAT_a b
198	mean-IAT_a b
199	q3-IAT_a b
200	max-IAT_a b
201	var-IAT_a b
202	min-IAT_b a
203	q1-IAT_b a
204	med-IAT_b a

测度编号	测度
205	mean-IAT_b a
206	q3-IAT_b a
207	max-IAT_b a
208	var-IAT_b a
209	Time-since-last-connection
210	No. transitions-bulk/trans
211	Time-spent-in-bulk
212	Duration
213	%_bulk
214	Time-spent-idle
215	%_idle
216	Effective-Bandwidth
217	Effective-Bandwidth_a b
218	Effective-Bandwidth_b a
219	FFT_all
220	FFT_all
221	FFT_all
222	FFT_all
223	FFT_all
224	FFT_all
225	FFT_all
226	FFT_all
227	FFT_all
228	FFT_all
229	FFT_a b
230	FFT_a b
231	FFT_a b
232	FFT_a b
233	FFT_a b
234	FFT_a b

测度编号	测度
235	FFT_a b
236	FFT_a b
237	FFT_a b
238	FFT_a b
239	FFT_b a
240	FFT_b a
241	FFT_b a
242	FFT_b a
243	FFT_b a
244	FFT_b a
245	FFT_b a
246	FFT_b a
247	FFT_b a
248	FFT_b a